站在巨人的肩上
Standing on the Shoulders of Giants

AI助理

用ChatGPT轻松搞定工作

杜雨　刁盛鑫——著

人民邮电出版社
北京

图书在版编目（CIP）数据

AI助理 ：用ChatGPT轻松搞定工作 / 杜雨，刁盛鑫著. -- 北京 ：人民邮电出版社，2024.4
（图灵原创）
ISBN 978-7-115-63971-4

Ⅰ. ①A… Ⅱ. ①杜… ②刁… Ⅲ. ①人工智能 Ⅳ. ①TP18

中国国家版本馆CIP数据核字(2024)第051432号

内 容 提 要

未来必将是一个人人拥有 AI 助理的时代，提前了解、掌握 AI 工具的使用方法，我们就会在竞争中领先半个身位。本书结合 ChatGPT 等已发布的 AI 工具，从文字处理、绘画、PPT 制作、数据分析、翻译等多个应用场景切入，详尽介绍了如何用这些工具来提升工作效率。不管你是职场新人，还是经验丰富的老手，都可以用本书所讲的方法来武装自己，变身“职场钢铁侠”，更好地胜任工作，具有更强的创造力和竞争力。

本书适合想运用 AI 提升工作效率的职场人士阅读。

◆ 著　　　杜　雨　刁盛鑫
责任编辑　王振杰
责任印制　胡　南

◆ 人民邮电出版社出版发行　　北京市丰台区成寿寺路11号
邮编　100164　　电子邮件　315@ptpress.com.cn
网址　https://www.ptpress.com.cn
北京捷迅佳彩印刷有限公司印刷

◆ 开本：880×1230　1/32
印张：10.5　　　　2024年 4 月第 1 版
字数：261千字　　　2025年 3 月北京第 6 次印刷

定价：69.80元

读者服务热线：(010)84084456-6009　印装质量热线：(010)81055316
反盗版热线：(010)81055315

编　委　会

前　言

在这个快速变化的时代，人工智能（AI）已经成为我们生活和工作中不可或缺的一部分。本书是一本旨在帮助读者理解和利用 AI 技术，特别是 ChatGPT，以便在日常工作中提升效率和创造力的实用指南。

本书共分为 9 章，每一章都涵盖 AI 在特定领域的应用和潜力。

第 1 章介绍了 ChatGPT 等人工智能生成内容（AIGC）工具对职场的影响，带你了解为什么 AI 助理在当今社会变得越来越重要。

第 2 章探索了 ChatGPT 时代在提升个人和团队效率方面的各类“神器”，包括个人助理神器 ChatGPT、作图神器 Midjourney、视频生成神器 D-ID 和代码编写神器 GitHub Copilot。

第 3 章详细讨论了如何通过有效的提示词来唤醒 ChatGPT 的潜能。

第 4 章 ~ 第 8 章阐释了如何利用各种可以配合 ChatGPT 使用的 AIGC 工具完成文字处理、绘图、演示文稿制作、数据处理、翻译等任务，其中，每一章不仅提供了实用的指导和技巧，还包含了真实的应用案例，以帮助读者更好地理解和应用这些工具。

第 9 章则着眼于未来，探讨了 AI 助理如何继续促进工作效率的提升，并对 ChatGPT 及相关 AI 助理工具的潜在发展方向进行了展望。

我们的目标是使本书成为一个实用的资源，无论你是 AI 技术的新手还是有经验的用户，都能从本书中获益。虽然我们努力确保本书内容准确且易于理解，但鉴于技术的不断发展，书中难免存在疏漏和一些过时的信息。我们欢迎并感激读者的任何反馈和建议。

此外，特别值得说明的是，受益于 AI 助理的快速发展，本书在写作过程中也运用了 ChatGPT 进行辅助创作和修改。同时，还特别感谢飞书智能伙伴在本书撰写过程中提供的支持与帮助。希望本书能成为你在探索 AI 助理世界时的有力伴侣，能帮助你在工作和个人发展上取得新的成就。

目录

前言

第 1 章　AIGC 将重塑职场　/ 001

第 1 节　ChatGPT、GPT-4、大模型与 AIGC　/ 003

第 2 节　为什么说 AI 助理将深刻改变职场　/ 010

第 3 节　时代的十字路口：拥抱 AI 助理或者被淘汰　/ 021

第 4 节　现在出发！登上职业变革的列车　/ 031

第 2 章　ChatGPT 时代的效率神器　/ 037

第 1 节　个人助理：ChatGPT　/ 039

第 2 节　作图神器：Midjourney　/ 050

第 3 节　视频生成：D-ID　/ 055

第 4 节　编写代码：GitHub Copilot　/ 059

第 3 章　ChatGPT 的提示词撰写　/ 065

第 1 节　基于提示词的会话特点　/ 067

第 2 节　用提示词交互的会话方式　/ 075

第 3 节　ChatGPT 的提示词使用技巧　/ 078

第 4 节　ChatGPT 提示词应用实例　/ 086

第 4 章　用 AI 助理处理文字　/ 095

第 1 节　用 ChatGPT 进行文字处理　/ 097

第 2 节　专业 AI 写作工具　/ 109

第 3 节　其他 AI 写作助理　/ 130

第 5 章 用 AI 助理绘图 / 135

第 1 节 AI 绘图的基础：Diffusion 模型 / 137

第 2 节 使用 Midjourney 绘图 / 139

第 3 节 其他 AI 绘图助理 / 162

第 6 章 用 ChatGPT 制作演示文稿 / 175

第 1 节 用 ChatGPT 辅助制作 PPT 的方法 / 177

第 2 节 实战演练：用 ChatGPT 快速制作 PPT / 184

第 3 节 配合 ChatGPT 的第三方工具 / 193

第 7 章 用 AI 助理处理数据 / 203

第 1 节 用 ChatGPT 直接操作 Excel 对象 / 205

第 2 节 实战演练：用 ChatGPT 生成 VBA 代码的多场景应用 / 212

第 3 节 基于 GPT 模型的 Excel 人工智能处理软件 / 236

第 4 节 用飞书智能伙伴处理在线数据表格 / 238

第 8 章 用 ChatGPT 搞翻译 / 245

第 1 节 翻译的进步 / 247

第 2 节 “非专业”翻译：ChatGPT / 254

第 3 节 沉浸式翻译 / 260

第 9 章 AI 助理提升工作效率的未来方向 / 269

第 1 节 ChatGPT 插件与 GPTs / 271

第 2 节 办公软件套装 / 301

第 3 节 AI Agent / 312

第1章

AIGC将重塑职场

01

第 1 节 ChatGPT、GPT-4、大模型与 AIGC

一、神奇的 ChatGPT

自 2022 年年底诞生以来，“ChatGPT”这个词就频频出现在媒体、互联网、公众号和各种专家、大佬的公开及私下演讲中，一跃成为市场上最为耀眼的明星产品，也掀起了一波 AIGC 的新浪潮。

纵观科技发展史，如果以 1 亿用户作为科技发展速度的衡量标杆，那么电话的推广用了 75 年，手机用了 16 年，网站用了 7 年，TikTok 用了 9 个月，而 ChatGPT 仅仅用了 2 个月时间，着实令人惊叹。[①]

截至 2023 年 5 月，ChatGPT 月活用户数量已达到 8.47 亿，和微信视频号的月活用户数量大致相当，是全球用户量最大的互联网应用之一。

作为一个新型的聊天机器人，ChatGPT 之所以能有如此飞速的用户增长能力，核心在于它不仅是一个可供聊天休闲的对象，而且真真切切可以协助人们工作，将人类的工作效率提升 10 倍以上，是现代人的超级助理。澎湃新闻就曾报道过关于工作辅助的一个典型案例。在《收获》

---

① 本书的资料来源（以①②等脚注形式表示）详见图灵社区本书主页“随书下载”处：ituring.com.cn/book/3230。——编者注

杂志 65 周年庆典上，莫言为余华颁奖时曾幽默地表示，自己给余华的颁奖词好几天也写不出来，后来找了 ChatGPT 帮忙，瞬间生成了莎士比亚风的千字赞语供其参考。②

越来越多的人用 ChatGPT 处理各种类型的日常文本类工作，这也体现了 ChatGPT 在自然语言处理（NLP）任务方面的出色表现。虽然这并不能替代人类的创造性思维和表达能力，但它可以帮助人们自省并激发灵感，进而更好地传达想表达的思想。本书将会介绍如何将 ChatGPT 运用在日常工作和生活之中，以便大家更好地了解这个 AI 助理的具体用途。

二、神通广大的 ChatGPT 是什么来头

ChatGPT 是由 OpenAI 公司开发的人工智能产品，OpenAI 也因为 ChatGPT 的诞生成了世界的焦点。然而，OpenAI 的成功并非偶然，而是经过了漫长的技术积累和发展过程。

OpenAI 成立于 2015 年 12 月，它的联合创建者包括硅谷知名科技加速器 Y Combinator 的前董事长山姆 · 阿尔特曼（Sam Altman），以及大家熟知的特斯拉和 SpaceX 的创始人伊隆 · 马斯克（Elon Musk）。两位联合创始人在人工智能等科技及相关商业领域都具有丰富的经验。

OpenAI 从创建之初起，其目标就是"为造福全人类而创建安全的通用人工智能"，而 GPT（Generative Pre-trained Transformer，生成式预训练变换器）大型语言模型就是实现这一目标道路上的重要里程碑。截至 2023 年 6 月，GPT 模型已经经过了 4 个大的版本迭代，以下是整个 GPT 模型的发展历程。

1. GPT-1

GPT-1 是 OpenAI 发布的第一个 GPT 模型，于 2018 年推出。它采用 Transformer 架构并引入了预训练和微调的策略。GPT-1 具有 1.17 亿参数量，相较于当时的其他模型，它在自然语言理解和生成任务上展现了显著的优势。GPT-1 开创了大型预训练语言模型的发展趋势。

2. GPT-2

GPT-2 在 GPT-1 的基础上进行了扩展，于 2019 年推出，将参数量增加到了 15 亿，成为当时最大的预训练语言模型之一。GPT-2 在多项自然语言处理任务上取得了领先的性能，尤其在文本生成方面展现了惊人的生成能力和多样性。鉴于其强大的能力，OpenAI 最初只发布了 GPT-2 的部分版本，因为担心滥用可能会带来风险。后来，随着社会对 AI 风险的认识逐渐成熟，OpenAI 逐步发布了 GPT-2 的完整版本。

3. GPT-3

GPT-3 进一步扩展了参数规模，于 2020 年推出，其参数量达到了 1750 亿，是 GPT-2 的 100 多倍。GPT-3 在多项自然语言处理任务上取得了革命性的进展，甚至在某些任务上可以直接通过预训练生成准确的结果，而无须进行微调。GPT-3 的出色性能引发了人工智能领域的广泛关注，推动了大型预训练模型的发展和应用。鉴于 GPT-3 的优秀表现，OpenAI 对其进行了基于人类反馈的强化训练，形成了 GPT-3.5 版本。这使得模型生成结果与人类意图更加符合，之后 GPT-3.5 被推向了市场，就是目前大家看到的 ChatGPT。

4. GPT-4

GPT-4 侧重发展模型在逻辑推理上的能力和多模态能力，并进一步强化了整体性能，于 2023 年 3 月推出。目前，GPT-4 在逻辑推理和数学计算方面与 GPT-3 相比有了非常大的进步，能够有效地帮助我们撰写文档、计算复杂的数学难题、对问题进行分析和概括，并且能够理解图像内的语义信息，对于人们的工作具有更强大的支持辅助作用。

2023 年 11 月，更强大、更便宜的 GPT-4 Turbo 被推出，其更强大的方面包括上下文长度的升级、更新的知识和多模态能力、更高的可控制性，等等。在 GPT-4 Turbo 的引领下，我们正迈向一个更加个性化、高效和负责任的 AI 应用的新时代。

目前，虽然 ChatGPT 底层已支持接入 GPT-4 版本，但因为 GPT-3.5 版本是免费的，所以 GPT-3.5 仍是当前大众使用的主流。

三、GPT 大语言模型的特点

在上文提及的 GPT 模型中，G、P、T 这 3 个字母分别是生成式（Generative）、预训练（Pre-trained）、变换器（Tansformer）的英文缩写。

所谓“生成式”，是指根据模型已知的部分文本来生成或预测文本的下一部分。这是通过一个自回归的过程完成的，即模型一次生成一个词，并使用之前生成的所有词作为上下文依据继续生成后面的词。

“预训练”是指模型在完成具体任务之前，先在大规模的无标签文本数据上进行训练。在预训练阶段，模型自主学习如何预测下一个词，从而了解词、短语和句子的结构，以及它们如何组合成有意义的语言。

Transformer 是 GPT 采用的主要网络架构，特点是使用了自注意力机制。这种机制允许模型在生成一个新词时对输入的所有词进行关注，并理解它们之间的关系，这有助于更好地处理长距离依赖关系。另外，GPT 模型还严格遵守了缩放法则，即通过增加模型的大小（包括层数、参数量等）以及使用更多的训练数据，可以显著提高模型的性能。

以上模型架构让 GPT 大语言模型拥有了自然语言交互、上下文理解和零样本学习这三大特点。

1. 自然语言交互

由于 GPT 模型良好的语言理解能力，因此用户可以使用自然语言流畅地与模型进行交互，对模型下达命令并获得很好的反馈。这就使得普通人只需经过简单的学习即可熟练使用大模型处理日常事务。

2. 上下文理解

由于 GPT 模型的自注意力机制可以使模型记住距离更远的上下文，因此模型的每一次输出都能够以上下文语境作为背景。这样产生的对话，就会更加接近人类之间的对话，使得使用模型生成内容的过程更加自然。

3. 零样本学习

随着 GPT 系列模型规模的增长，特别是在 GPT-3 之后，模型展现出了强大的零样本学习能力，即不需要事先训练，模型就可通过自己的推理完成某些任务。这意味着 GPT 的应用范围更加广泛了。

总而言之，GPT 系列模型从 GPT-1 到 GPT-4 的发展，展现了它在自然语言处理领域的巨大潜力。随着模型规模和性能的不断提升，未来 GPT 模型可能会在更广泛的应用场景中发挥重要作用，为人工智能领域的创新和发展做出贡献。

四、ChatGPT 与内容创作

在正式介绍 ChatGPT 之前，先来看一下 ChatGPT 的操作界面长什么样子。图 1-1 展示了 ChatGPT 的基本样子，它就像是一个聊天工具，你只需要用日常生活中的语言向它下命令、提问题，它就会用通顺流畅的语言回应你，这种简单的方式大大降低了普通人使用人工智能的门槛。

图 1-1 ChatGPT 的操作界面

ChatGPT 不仅可以回答你的问题，而且只要给它下达正确的指令，它就能帮你做非常多的事情，比如写故事、写文案、列提纲、编程序等。本书就是作者与 ChatGPT 合作完成的。

不仅是 ChatGPT，还有非常多的 AI 工具可以帮我们生成图片、视频、音乐等，通过与 AI 合作来创作内容，我们都称之为 AIGC（AI Generated Content）。

而这些工具的统一特点是，你只需要输入简单的自然语言，描述希望生成内容的样子，它们就可以自动帮你生成文字、图片、视频和音乐，大大降低了普通人创造高质量内容的门槛。未来，只要掌握 AI 工具，人人都可以变成作家、画家、导演和音乐家。

因为大多数 AIGC 工具可以通过文本驱动内容的生成，所以在使用其他 AIGC 工具的过程中，可以运用 ChatGPT 进行辅助，让它帮助你构思需要输入的指令文本，进一步提升使用效率。

当然不只是这些 AIGC 工具，即便是一些传统的诸如 Office 之类的办公软件套装，也可以在 ChatGPT 的帮助下大大提升办公效率。有了这些强大的工具，人们通过简单的操作就能创造出许多优秀的作品，而这些作品所象征的人工智能创作文化将有可能演变为一种改变世界格局的文化现象。

虽然人工智能的能力和应用尚存在一些限制和挑战，但是相信在可以预见的未来，技术的不断进步和创新能让更多人享受到 AI 带来的创作快感，创造出更多、更好的内容。我们期待着未来，无论你是不是创作者，都能够尝试利用 AI 工具，创造出令人惊艳的作品。

第 2 节　为什么说 AI 助理将深刻改变职场

AIGC 工具大大降低了人们创造内容的门槛，提升了工作效率，以 ChatGPT 为例，它将在至少以下几个方面显著提升人们的工作效率。

一、创意思考

在过去，如果我们想要进行创意思考，往往需要集思广益，进行头脑风暴，同时还需要与他人进行大量的互动和交流，但这种交流方式是相对低效的。且不说把大量人员协调在同一时间进行讨论，本身就需要付出大量的协调成本，仅仅在交流过程中，人们就经常跑题。于是，为了保持话题集中，人们发明了非常多的讨论工具，甚至有时候还需要进行系统的培训和练习。

另外，因为长期共同工作，经常在一起讨论的同事的思维方式趋同或思维已枯竭，所以越来越难以产生不同寻常的创意。

现在，通过与 ChatGPT 互动，人们可以随时获得不同的观点和建议，节约了大量的协调成本。由于 ChatGPT 的知识来源非常广泛，因此它的创意永远不会枯竭，随时可以贡献新鲜思考。

假如你就职于一家广告创意公司，你的任务是为一个运动饮料品牌策划一系列创新的广告活动。这时你就可以利用 ChatGPT 来产生一些创意和独特的想法。

首先，你可以与 ChatGPT 进行对话，向它提供关于运动饮料品牌的背景知识、目标受众、市场趋势等方面的信息。

然后，你可以问 ChatGPT 一些开放性问题，比如“如何策划一场引人注目的户外广告活动？”或者“如何利用社交媒体吸引年轻的消费者群体？”通过与 ChatGPT 交流，你可以得到一些初步的创意和思路。

接下来，你可以利用 ChatGPT 的生成能力对创意做进一步的细化。你可以提供更为明确的要求，比如“设计一幅与健康和活力相关的海报需要出现哪些元素？”或者“广告中可以体现哪些科技元素以吸引科技爱好者？”ChatGPT 可以帮你生成各种各样的创意点子，从户外广告到电视广告，从社交媒体活动到线下体验活动。

在与 ChatGPT 交流的过程中，你可以记录一些有潜力的创意点子，以进一步展开讨论。你还可以提出一些细化的问题，以进一步完善创意，比如“这场广告活动可能会面临哪些挑战？如何解决这些挑战？”或者“如何确保这场广告活动在目标受众中引起共鸣？”ChatGPT 可以为你提供不同的观点和思考角度，帮助你进一步优化和发展创意。

最后，你可以将 ChatGPT 生成的创意与团队共享，进行评估和筛选。团队成员可以从中选择最有潜力和可行性的创意，以进一步完善和执行。通过与 ChatGPT 进行交互，从一个初始的想法到最终的广告活动概念，你可以得到有价值的创意和思路。

需要注意的是，虽然 ChatGPT 可以提供创意的灵感和启发，但最终的决策和评估仍需要人类的判断和专业知识。此外，由于 ChatGPT 是基于历史数据训练的，它生成的创意可能会存在数据偏差和限制，因此在利用 ChatGPT 进行创意思考时，要结合自身的经验和专业知识，进行最后的调整和优化。

二、决策支持

过去，在决策过程中，决策者为了提升决策准确率，需要翻阅很多资料和报告，收集大量的数据，甚至还要咨询相关专家，对不同的决策可能进行论证，以获得有关各种可能性和影响的信息。这个过程不仅非常耗时，而且不一定能得出最佳结果。

现在，通过与 ChatGPT 进行互动，我们可以快速获得多种观点、事实、数据和经验，以全面评估问题。我们甚至可以通过演绎法，让 ChatGPT 去推演某个决策所带来的可能后果，以便更好地评估决策效果，从而做出更明智的决策。这种方式不仅节省了时间，还能提高决策质量。

例如，一个公司想要提拔某位员工成为高级经理，急需一个快速而可靠的方式来评估该员工是否有资格获得此职位。利用 ChatGPT，公司可以快速编写一份调查问卷，针对该员工的背景、技能、管理能力等方面进行提问，然后通过该调查问卷进行自然语言交互式的答案收集。ChatGPT 可以借助其自然语言处理能力进行问卷回答的解读和总结整理，并提供一份评估报告，评估该员工是否具有高级经理职位的核心能力。

同时，ChatGPT 还可以通过与以往相似的员工背景和经历进行比较，分析员工在类似角色中的表现，帮助公司更细致地了解员工的表现和能力。公司可以使用 ChatGPT 进行数据分析和模拟预测，ChatGPT 支持更精细的评估和决策制定。

通过这种方式，ChatGPT 可以提供一种快速而可靠的方法，以对职业发展和晋升方面的决策进行支持，同时更好地利用数据驱动分析方法，令决策制定更加准确和可靠。

三、信息检索

过去，为了找到所需的信息，人们需要使用搜索引擎、阅读图书或翻阅其他资源，并且还要将找到的资料进行筛选、甄别、整理和整合。这通常意味着需要花费大量时间和精力。

现在，借助 ChatGPT，用户可以通过提问直接获取相关答案，大大提升了信息检索的效率，让寻找答案变得更加简便和快捷。并且，ChatGPT 的回答本身就是将信息结构化、逻辑化的成果，只经简单修改就可直接使用。

假如你是一名研究员，正在进行一项关于气候变化的研究。只需 4 步，你就可以利用 ChatGPT 找到与气候变化相关的最新研究论文和数据。

首先，你可以与 ChatGPT 进行对话，向它提供关于你的研究领域、具体的研究问题以及感兴趣的关键词或主题的信息。例如，你可以问 ChatGPT："最近有哪些关于气候变化影响的最新研究？"或者"气候变化与生态系统的关系有哪些研究论文可以参考？"通过与 ChatGPT 进行交流，你可以获得研究论文和数据资源的一些初步线索。

然后，你可以利用 ChatGPT 的生成能力进行搜索扩展。你可以提供一些关键词或主题，让 ChatGPT 帮你生成更多相关的搜索查询。例如，你可以询问："还有哪些与气候变化相关的研究领域？"或者"有哪些专业数据库可以提供气候变化数据？"ChatGPT 可以为你提供更多的搜索方向和资源，帮助你扩大信息检索的范围。

接下来，在与 ChatGPT 交流的过程中，你可以记录一些有用的搜索结果和资源，以进一步展开讨论。你还可以提出一些细化的问题，以获得更具体的信息和数据。例如，你可以询问："有哪些可靠的数据集可以用于研究全球气候变化趋势？"或者"关于海洋酸化与气候变化的关系有没有最新的研究报告？” ChatGPT 可以帮助你获取更加具体和详细的信息，以支持你的研究工作。

最后，你可以利用 ChatGPT 提供的搜索结果和资源进行进一步的评估和筛选。你可以阅读和分析论文摘要、数据说明和方法部分，以确定哪些资源与你的研究最相关且对你有用。同时，你还可以使用传统的学术搜索引擎和数据库来进一步验证和扩充 ChatGPT 提供的信息。

需要注意的是，尽管 ChatGPT 可以提供一些有用的搜索线索和资源，但在研究工作中，仍需要进行进一步的验证和审查，确保使用可靠的学术来源和权威数据库来获取最新的研究论文和数据。

四、提升写作效率

对写作来说，最耗费时间的是查找资料、手动输入和编辑、校对以及调整格式这些琐碎工作。这些工作让写作者感到工作乏味，不仅降低了写作速度与质量，也降低了工作成就感。这些工作还分散了写作者的大部分精力，让写作者无法把精力集中在更为重要的部分：深度思考与观点表达。

现在，写作者可以通过 ChatGPT 自动生成写作大纲，对于作品有了整体设定。写作者还可以通过自动生成文本，对作品的局部反复调整和优化。ChatGPT 能自动修正语法错误和拼写错误，帮助写作者加快写作速度、提高作品质量。

更绝妙的是，写作者还可以要求 ChatGPT 运用不同的口吻、语气和风格改写内容相同的作品，这样就可以根据需要形成不同的写作风格。这种方式为写作者节省了大量的时间和精力，提升了写作效率。

例如，一个小说作家可以向 ChatGPT 提供背景和主要角色的信息，然后根据其生成的灵感内容进行修改和完善。ChatGPT 还可以从已有作品中提取特定的风格和表现，快速地为一段文字生成某种情感或风格，从而帮助写作者更快地捕捉特定的文学风格和格调。

此外，写作者也可以利用 ChatGPT 在写作中提供联想和推理支持。一些未知的细节和情节，可以通过与 ChatGPT 进行自然语言交互来获得启发和提示，保证故事情节的连贯性和可信度。

总而言之，利用 ChatGPT 可以有效地提升写作效率，帮助写作者在短时间内获取文学灵感和创意，提升创作水平，从而创作出更好的作品。

五、时间管理

过去，如果要管理时间，则需要计算优先级和工作进度。这种方式需要投入大量精力进行规划和调整。

现在，你只需要把任务以及希望开始和结束的时间告诉 ChatGPT，它就可以自动帮你设计任务优先级、做时间规划，从而提升工作效率。这种方式可以让你更加专注于重要的任务。

假如你是一名学生，面临着多门课程、作业、考试、社交活动等多个任务和时间压力。你希望 ChatGPT 能帮你合理规划时间，以提升学习效率和生活质量。

首先，你可以与 ChatGPT 进行对话，向它提供你的学习日程、课程安排和你感到有压力的任务的信息。你可以问 ChatGPT 一些开放性问题，比如“如何更好地管理我的学习时间？”或者“有什么方法可以帮助我在学业和社交之间取得平衡？”通过与 ChatGPT 进行交流，你可以得到一些初步的时间管理建议和技巧。

然后，你可以利用 ChatGPT 的生成能力进行任务优先级和时间分配的讨论。你可以提供一些具体的任务描述，并询问 ChatGPT 如何合理地安排它们。例如，你可以问："我应该如何确定学习任务的优先级？"或者"有什么方法可以帮助我更好地分配时间来完成作业？"ChatGPT 可以为你提供一些时间管理的策略和方法，帮助你合理安排和分配学习时间。

接下来，在与 ChatGPT 交流的过程中，你可以记录一些有用的时间管理建议和技巧，以进一步深入讨论。你可以提出一些具体的问题，以了解如何应对常见的时间管理挑战。例如，你可以问："如何克服拖延症，提升学习效率？"或者"有什么方法可以帮助我更好地利用碎片化时间？"ChatGPT 可以为你提供一些实用的建议和应对策略。

最后，你可以根据 ChatGPT 提供的时间管理建议，制订自己的时间管理计划。你可以考虑使用时间管理工具（如日程表或待办清单）来安排学习和社交活动。同时，你还可以尝试建立固定的学习时间和休息时间来保持平衡，进而提升学习效率。记住，要灵活调整你的时间管理计划，以适应不同的学习和生活情况。

需要注意的是，每个人的时间管理需求和方法不尽相同，所以 ChatGPT 提供的建议和技巧可能需要根据个人情况进行调整和适应。

六、项目管理和协作

过去，项目管理通常涉及使用复杂的软件或手动追踪任务。团队协作需要大量的沟通和协调，有时可能导致效率低下。

现在，使用 ChatGPT，用户可以更轻松地管理项目、分配任务和协调团队成员，进而提升团队工作效率。这种方式简化了项目管理流程，使团队协作更加高效。

假如你是一名忙碌的项目经理，需要有效地管理多个项目和任务。你希望利用 ChatGPT 来规划和优化你的时间，以提升工作效率和任务完成质量。

首先，你可以与 ChatGPT 进行对话，向它提供你目前的工作负荷、项目的截止日期和所面临的时间管理挑战的信息。你可以问 ChatGPT 一些问题，比如“如何更好地管理我的工作时间？”或者“如何优化我的任务安排以提高生产力？”通过与 ChatGPT 进行交流，你可以得到一些初步的时间管理建议和技巧。

然后，你可以利用 ChatGPT 的生成能力进行任务优先级和排程的讨论。你可以提供一些具体的任务和项目描述，并询问 ChatGPT 如何合理地安排它们。例如，你可以问：“我应该如何确定任务的优先级？”或者“有什么方法可以帮助我更好地安排多个项目的时间表？”ChatGPT 可以为你提供一些时间管理的策略和方法，帮助你合理地安排和分配工作时间。

接下来，在与 ChatGPT 交流的过程中，你可以记录一些有用的时间管理建议和技巧，以进一步深入讨论。你可以提出一些具体的问题，以了解如何克服常见的时间管理障碍。例如，你可以问：“如何有效地处理日常的中断和紧急任务？”或者“有什么方法可以帮助我集中注意力和提升工作效率？”ChatGPT 可以为你提供一些实用的建议和应对策略。

最后，你可以根据 ChatGPT 提供的时间管理建议，制订自己的时间管理计划。你可以考虑使用时间管理工具、技术和方法来帮助你管理任务和提升工作效率。同时，你还可以与同事和团队成员分享你从 ChatGPT 那里获得的时间管理经验，以促进协作和共享最佳实践。

总而言之，每个人的项目管理需求和方法不尽相同，所以 ChatGPT 提供的建议和技巧可能需要根据个人情况进行调整和适应。

七、学习和培训

过去，如果想学习新技能或知识，你需要自行阅读图书，或者付费参加课程、请教专家。这些方式要么耗时巨长，要么成本较高。更重要的是，学习之后的练习和问题解答，依然是一个成本高昂且费时费力的过程。

现在，通过与 ChatGPT 互动，你可以让它快速为你讲解你希望学习的知识。你甚至可以设定对知识的了解程度，让 ChatGPT 根据你的水平做不同深度的讲解。如果你说："我刚刚开始学习如何撰写市场分析报告，请告诉我如何做"，那么 ChatGPT 就会生成浅显易懂的知识；而如果你说："我是个市场分析研究人员，请帮我列出主流的市场分析报告样式"，那么它就会进行更加系统和深入的讲解。

学习完成后，你可以要求 ChatGPT 帮助你出测试题，完成测试后，它还可以帮你评判对错并解析答案。这一切都是 24 小时、随时随地且免费进行的。通过这样的学习，你可以轻松地掌握新概念和技能，提高自己的工作能力。这种方式节省了学习时间，降低了培训成本，使个人成长更加高效。

例如，人力资源培训通常需要面对许多不同类型的人员和课程，在人员数量庞大的情况下，培训的规模和难度也面临着很大的挑战。这时，可以利用 ChatGPT 提供自动问答和知识图谱的功能，通过快速问答和数据管理的方式，增强培训会议的学习效果。

对生产型企业而言，每年都有新员工需要接受安全培训，利用传统培训方式，有时候可能会耗费大量的时间和人力。使用 ChatGPT 则可以构建一个安全培训的知识问答系统，及时回答新员工关于工厂内部安全相关问题的疑问，从而确保新员工能够更好地理解和掌握工厂的安全流程。

使用 ChatGPT，企业还可以从工厂内部的技能管理和培训数据中建立一张知识图谱，并创建连通各类知识点之间的关系。知识图谱可以构建学习路径、查找培训资源并指导学习。并且，通过在自我学习模型的基础上进行优化，知识图谱还可以根据学习量和学习质量为员工制订更加详细和个性化的培训计划。

八、翻译

过去，翻译工作通常需要找专业的翻译人员或使用翻译软件，但这两种方式都有可能导致翻译质量不一以及沟通延迟。

现在，通过 ChatGPT 的实时翻译功能，用户可以快速理解和生成其他语言的文本，提升了跨语言沟通的效率。这种方式不仅节省了时间，还提高了翻译质量，使国际合作更加顺畅。你只需要将一段想翻译的文字告诉 ChatGPT，它就可以帮你翻译成比较通顺的另一种语言的文本；如果你将写作要求告诉 ChatGPT，它甚至会帮你直接生成另一种语言的作品，根本无须“翻译”这一步。使用 ChatGPT 进行翻译非常简单，只需 4 步。

首先，你可以与 ChatGPT 进行对话，向它提供你需要翻译的文本或口语内容。你可以指定源语言和目标语言，并提供一些上下文信息。例如，你可以问 ChatGPT：“请帮我把这段英文文本翻译成法语。”或者“如何用德语表达‘谢谢你的帮助’？”通过与 ChatGPT 进行交流，你可以获得初步的翻译建议和参考。

然后，你可以利用 ChatGPT 的生成能力与其进行更准确的翻译讨论。如果 ChatGPT 的初始翻译结果不够准确或流畅，那么你可以提供更多的上下文信息或给出更多的翻译示例，以帮助 ChatGPT 更好地理解和翻译。例如，你可以问："如何将这个短语转化为自然的中文表达？"或者"有什么技巧可以用德语正确翻译这个习语？"这样 ChatGPT 就可以为你提供更准确和自然的翻译建议了。

接下来，在与 ChatGPT 交流的过程中，你可以记录一些有用的翻译结果和技巧，以进行进一步的讨论和验证。你可以提出一些具体的问题，以解决特定语言翻译中的难点和挑战。例如，你可以问："如何在中文翻译中传达英语中的幽默感？"或者"有没有一些常用的法语短语可以帮助我更好地与法国人交流？"ChatGPT 可以为你提供一些实用的翻译技巧和专业知识。

最后，你可以利用 ChatGPT 提供的翻译建议和技巧，进行翻译工作的实践和反馈。你可以将 ChatGPT 生成的翻译结果与其他翻译工具的翻译结果或专业人士的翻译意见进行比对和验证。同时，你可以不断积累翻译经验，学习和应用更多的语言翻译技巧和策略。

需要注意的是，GPT 是一个语言模型，它的翻译结果可能会受到数据偏差和语义理解的限制。因此，在进行重要或专业领域的翻译工作时，要结合人类专业翻译人员的意见和其他翻译工具的翻译结果来确保准确性和质量。

总而言之，在我们工作的方方面面，过去的方法往往存在一定的局限性和低效问题。现在，使用 ChatGPT，用户可以在这些方面节省时间、降低成本，实现更高的工作效率。ChatGPT 为人们提供了更好的工作体验。

第 3 节 时代的十字路口：拥抱 AI 助理或者被淘汰

ChatGPT 正在对各行各业（比如医疗、教育、金融、人力资源等领域）产生深远的影响，在提升行业生产效率、降低生产成本等方面取得了显著的成果。而这些成果的取得都要归功于 ChatGPT 强大的自然语言理解与生成能力。ChatGPT 可以理解各种语言，准确回应用户的问题，并提供专业的建议。这使得各行各业的人都能够从中受益——提升工作效率、降低成本以及提升用户体验。

得益于庞大的数据训练集和卓越的算法，ChatGPT 能够快速地学习新知识，适应各种应用场景。这使得企业和个人可以根据自己的需求，定制开发出更多功能丰富、应用广泛的人工智能产品。

随着技术的进一步优化，ChatGPT 将会继续提高其性能，以提供更高质量的服务。同时，随着 ChatGPT 在各个领域应用的不断扩展，我们将会看到更多的行业发生变革。未来的人工智能产品将更加智能、高效，并与人类的生活和工作结合得更加紧密。

下面，让我们通过一些具体的实例来进一步展示 ChatGPT 是如何改变各个行业的。

一、ChatGPT 对医疗行业的影响

ChatGPT 的出现给医疗行业带来了全新的变化，无论是学界还是媒体，都对其给予了积极的评价。

以学界为例，清华大学新闻与传播学院教授、AI 与大数据领域专家沈阳在接受媒体采访时表示，AIGC 在医疗领域有着非常广阔的应用前景，比如通过人工智能生成内容，可以辅助问诊、医学影像解读等。[③]而在海外学界，美国德雷克塞尔大学的研究团队将 GPT-3 与神经学诊断相结合[④]，并用认知测试分数的形式精确检测阿尔茨海默病患者在语言方面的细微差异，在整个过程中，无须了解受检者其他方面的个人信息。

在媒体界，丁香园公众号曾发布《关于 ChatGPT 与专业医生在线问诊能力的比较研究》一文[⑤]，称平台选用了 6 个真实的在线问诊案例，用于测试 ChatGPT 是否能够有效地应对患者提出的问题。测试结果表明，在进行了 6 次问诊测试后，ChatGPT 成功地回答了患者的问题，解释了相关医学术语，并提供了一些医学相关的建议，包括临床用药、生活方式等。可以说，AI 正在深刻地改变着人们的就医体验。

由于人工智能已经广泛存在于医疗领域，并且产生了显著影响，因此政府层面也在积极介入、管理医疗领域的 AI 应用。例如国家药品监督管理局发布了一份名为《人工智能医用软件产品分类界定指导原则》（以下简称《原则》）的文件，以对医疗领域中的人工智能应用进行规范和管理。

《原则》将医疗中的 AI 应用分为 3 类。

(1) 在医疗领域中算法成熟度高的人工智能医用软件。

(2) 在医疗领域中算法成熟度低（未上市或尚未证实其安全有效性）

且用于辅助决策、用药指导、治疗计划制订等临床诊疗的人工智能医用软件。

(3) 用于非辅助决策，不协助患者诊断病症，仅为数据处理和测量提供临床参考信息的人工智能医用软件。

《原则》中对于不同成熟度的 AI 产品，采取了不同的管理策略，使得 AI 产品介入医疗领域有了明确的法律依据。

二、ChatGPT 对教育行业的影响

ChatGPT 对教育行业也产生了较为明显的影响，多家教育头部企业纷纷引入 ChatGPT 提升教育效率。

1. 多邻国

多邻国（Duolingo）是一个受欢迎的游戏化语言学习平台，其采用了 ChatGPT 的 GPT-4 版本来增强他们的教育产品，如图 1-2 所示。如今，每月有超过 5000 万的学习者使用多邻国，该平台目前提供约 40 种语言的课程，指导用户从基础词汇到复杂句子结构的学习。ChatGPT 的整合标志着多邻国能力的重大飞跃，特别是在以下两个关键领域：会话练习和提供情境反馈。

多邻国非常重视 AI 在其整体产品中的地位，特别是用于个性化课程和进行多邻国英语测试。然而，他们发现学习者在旅程中存在空白，特别是在会话练习和提供情境反馈方面。为了解决这些问题，多邻国在其 Max 订阅层中引入了两个由 ChatGPT 提供动力的新功能：角色扮演和解释我的答案。

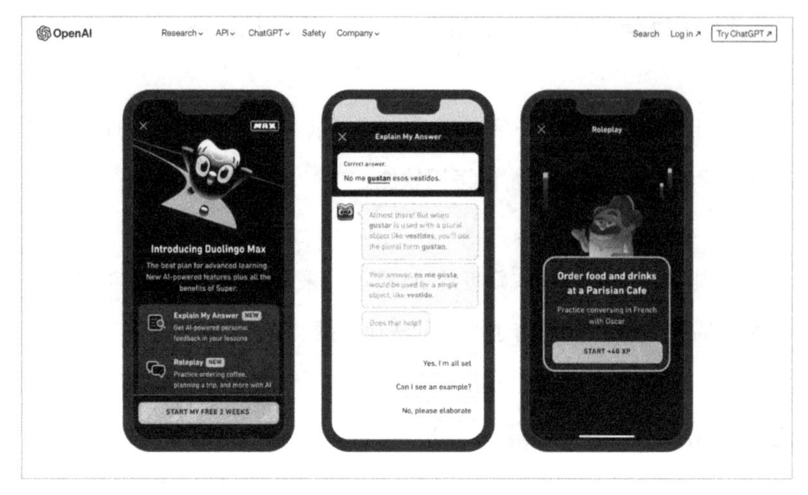

图 1-2　多邻国应用 GPT-4 的介绍界面[⑥]

“角色扮演”的功能是充当 AI 会话伙伴，使学习者能够参与关于各种话题（从体育到个人经历）的沉浸式、自由流动的对话。这个功能利用了 ChatGPT 在特定情境中理解和响应的能力，提供了比脚本互动更自然、更引人入胜的对话体验。

“解释我的答案”是另一个创新功能，即利用 ChatGPT 来为学习者犯的错误提供详细解释。该功能对于理解语法和语言使用的细微差别特别有用，为我们提供了一种动态和互动的方式来从错误中学习。

回顾多邻国的发展史，多邻国与 AI 的旅程始于 GPT-3，但他们发现 GPT-3 还没有完全准备好处理聊天的复杂场景。GPT-4 则带来了长足的进步，提供了更准确、更可靠的 AI 响应。正如多邻国的首席工程师比尔·彼得森（Bill Peterson）所指出的：这不仅增强了学习体验，还简化了开发过程。使用 GPT-4 版本的 ChatGPT 进行实验的便利性使团队能够快速开发原型并对其进行改进，显著加快了功能开发进程。

目前，这些由 ChatGPT 提供动力的功能在西班牙语和法语中可用，多邻国也在计划将这些功能扩展到更多语言。通过引入 ChatGPT，多邻国向我们展示了语言学习向前迈出的重要一步，为我们提供了更有效、更吸引人和更个性化的教育体验。这种将尖端 AI 技术整合到语言教育中的做法，展示了 AI 对该领域进行革新的潜力，为全世界的学习者提供了新颖和创新的学习语言的方式。

2. 可汗学院

可汗学院（Khan Academy）是一家致力于为全球所有人提供免费的世界级教育资源的知名非营利组织，其课程涉及数学、历史、金融、物理、化学、生物、天文学等领域。我们知道，每个学生都具有独特性，他们对概念和技能的掌握程度各不相同，有些人能够轻松掌握某个主题，有些人则需要逐步提高。因此，为了满足学生的多样化需求，可汗学院推出了 Khanmigo，这是一个由 ChatGPT 的 GPT-4 版本驱动的 AI 助手，如图 1-3 所示。

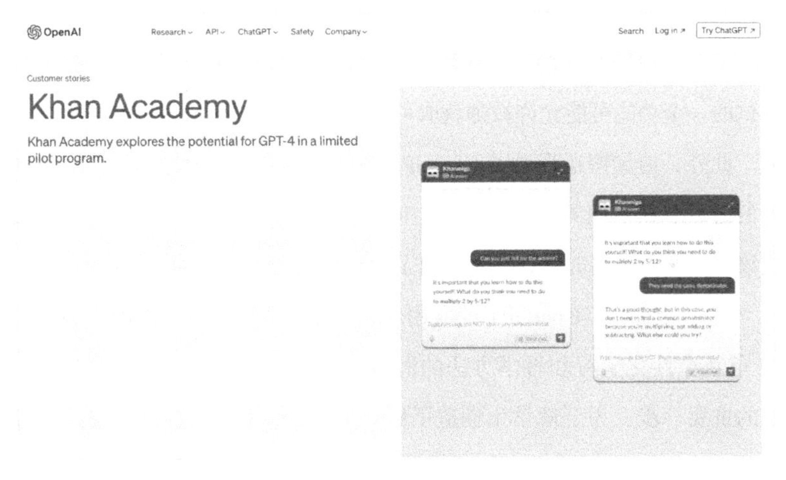

图 1-3　可汗学院应用 GPT-4 的介绍界面[7]

Khanmigo 既是学生的虚拟导师，也是教师的课堂助手。可汗学院希望挖掘 ChatGPT 在教育中的变革潜力，并负责任地进行测试，以确定其在学习和教学中的有效性。在早期测试中，可汗学院对 Khanmigo 的错误（特别是在数学问题上）进行了严格的监控，并做出了标记以便纠正。

ChatGPT 的一个关键能力是能够理解自由形式的问题和提示，实现类似人类的互动。这一功能对可汗学院至关重要，因为它允许向每个学生提出个性化问题，以促进更深入的学习。可汗学院的首席学习官克里斯汀・迪瑟博（Kristen DiCerbo）曾指出，教育技术在吸引学生深入思考他们所学内容方面面临挑战。有了 ChatGPT，就有机会确保学生不仅理解如何解决问题，而且理解其背后的概念，以合理应对这一挑战。

根据初步测试结果，ChatGPT 可以帮助学生深化理解学习内容，并拓展知识范围。此外，在计算机编程教学领域，利用 ChatGPT，学生可以更有效地学习特定知识点。这些功能都为学生用户提供了前所未有的学习支持。

不仅如此，可汗学院也在探索 ChatGPT 对教师的帮助，比如如何借助 ChatGPT 编写课堂提示或为课程创建教学材料。可汗学院正在设想用 ChatGPT 来帮助教师快速轻松地为每个学生量身定制学习路线，其正在测试的一个功能可能允许教师获取可汗学院上每个学生的学习进度快照。

此外，迪瑟博还强调了 ChatGPT 在回答学生关于学习相关性问题方面的潜力。在早期测试中，当学生问为什么应该学习某个事物或为什么应该关心某件事情时，GPT-4 给出了针对他们个人兴趣的具体答案。

可汗学院对于 ChatGPT 的应用代表了教育领域的重大进步，展示了 AI 革新个性化学习和教学方法的潜力。这是迈向技术与教育融合的未来的重要一步，为全球学生创造了更有效、更吸引人且量身定制的学习体验。

三、ChatGPT 对金融行业的影响

ChatGPT 对金融行业也产生了影响，无论是在基础的财报写作还是较为核心的投资顾问业务中，都能看到 ChatGPT 的影子。

1. 通过 ChatGPT 编写的财报

2023 年 2 月 5 日，财通证券研究所发布了一篇名为“提高外在美，增强内在自信——医疗美容革命”的研究报告，这篇报告的作者并未署名为分析师，而是“ChatGPT”。[8]

这篇报告共约 6000 字，包含了医疗美容行业简介、全球医疗美容市场概述、轻医疗美容的崛起、我国医疗美容行业的发展等多个部分。

关于报告的来源，引言中解释道：“为了探索 ChatGPT 是否适用于撰写研究报告，我们使用 ChatGPT 编写了一篇关于医疗美容行业的报告。”此外，报告采用英文生成并翻译成中文，因为 ChatGPT 在处理英文方面的能力优于处理中文。

2. 广发证券探索“中国版 ChatGPT”应用

2023 年 2 月 20 日，广发证券宣布将百度“文心一言”引入金融应用场景，旨在打造更丰富且个性化的金融需求挖掘和服务支持。广发证券应用“文心一言”的主要方式是将大语言模型的技术能力结合财富管理行业知识进行微调，最终形成自身业务场景的落地应用，包括但不限于全天全时段结合数字人形象的基础问题解答、客户各生命周期的需求识别及服务支持等。广发证券一方面想借助这种方式为客户提供更智能、更有温度的财富管理服务体系，另一方面也想通过对新兴技术的应用来引领行业的智慧化升级。[9]

3. 海通证券对 ChatGPT 应用于智能投顾服务上的研究

海通证券经过系统的研究，提炼出了 ChatGPT 在智能投顾方面应用的 4 种方式[10]。

(1) **买方投研与传导**。ChatGPT 强大的文本总结能力和输出能力可以协助提炼投研成果。

(2) **定制财富方案**。ChatGPT 可以分析客户账户持仓的大类资产配置等数据，结合账户情况和客户偏好，根据已有数据提供各类专业解决方案。

(3) **标准化配置服务**。ChatGPT 可以运用其语言能力将个性化内容融入标准配置服务流程，在展现服务规范性的同时兼顾个性化服务。

(4) **深度客户陪伴**。系统融入 ChatGPT 后，可以定期用近似人类语言交流的方式推送精准个性化的深度内容，在与客户的日常互动中融入投资教育，和客户建立长期、有目的且相互信任的深度陪伴关系。

总而言之，随着 ChatGPT 在金融行业的应用日益深入，未来将有更多创新性的服务模式出现，以满足客户的需求，并提供更智能、更有温度的财富管理服务。在 AI 助理的支持下，金融行业将迎来更多的发展机遇。

四、ChatGPT 对更多行业的影响

1. 人力资源行业

ChatGPT 给人力资源行业带来的显著效率提升和影响主要体现在自动化和优化各种人力资源管理工作流程上。通过智能自动化复杂的招

聘和培训任务，ChatGPT 显著减少了人力资源管理中的重复性工作，提升了招聘效率和员工入职体验。同时，它还可以有效处理员工查询、辅助绩效评估和员工发展规划，以及增强企业文化的多样性和包容性。此外，通过分析大量数据提供深入洞见，ChatGPT 在战略规划和员工情绪分析方面也展现出了巨大潜力，从而为人力资源部门在决策和战略制定上带来更高的效率和精度。

2. 游戏行业

在游戏行业中，ChatGPT 在生成复杂的游戏叙事、对话和角色互动方面提供了革命性的功能。另外，它还能提升游戏中的聊天机器人和 AI 助手使用体验，使它们与玩家的互动更加自然。例如，中国游戏巨头网易就在其手机游戏《逆水寒》中整合了类似 ChatGPT 的 AI，用于处理玩家与 NPC 的对话。过去，玩家与 NPC 之间的对话大多采用预置的方式，玩家只能在有限的几个预先写好的语句中进行选择。但内置了 ChatGPT 之后，《逆水寒》的玩家可以直接通过打字的方式与 NPC 进行对话，NPC 借助 ChatGPT 了解玩家的话语意思，并生成符合人物性格的句子来进行回应，大大增强了游戏的可玩性，进而提升了玩家的游戏体验。

3. 电商行业

在电商行业中，ChatGPT 已经开始展现越来越重要的作用。商家既可以使用 ChatGPT 撰写各种广告文案和商品描述，也可以借助基于 ChatGPT 的专用工具，分析电商网站上指定产品的用户评价，总结用户最为关心或者反映最为集中的问题，从而对产品进行改进。这样不仅极大地提升了用户调研的效率和准确度，也缩短了商家对产品改进的反应周期。

4. 客服行业

在客服中心，结合 ChatGPT，可以让 AI 客服使用自然语言与用户顺畅地交流，无须使用传统的“用户按按键选择”或者“用户说出关键词”的方式，极大地增强了用户的使用体验。特别是在投诉、故障申报等场景中，通过使用自然语言、模拟真人声音的方式，很大程度上缓解了用户焦虑的情绪，为后续真人员工服务创造了更好的客户环境。

第 4 节　现在出发！登上职业变革的列车

AI 时代的列车已经高速驶来，为了适应 AI 时代的特点，跟上 AI 时代的步伐，每个人都应登上职业变革的列车，加速改变自己，完成自我进化，掌握使用 ChatGPT 及其他 AI 工具（如 Midjourney、Stable Diffusion 等）的技巧。

一、持续学习与自我提升

我们首先要做的就是认真学习。随着技术的发展，我们需要不断地更新知识，提升自己的技能水平，以适应人工智能领域的不断发展变化。而我们需要学习的内容有很多，比如提示词（prompt）原理、AI 写作方法、AI 工具的参数调整等。

所谓提示词，就是如何用自然语言向 AI 工具准确描述我们的需求，以便 AI 生成我们需要的内容。我们需要了解提示词的构建和使用原则，以便有效地引导 AI 模型生成有针对性和准确的回应。这包括如何构建清晰、简洁且具有针对性的提示词，从而更好地利用这些工具。

为了让 AI 写出符合要求的文案，我们需要了解各种文体的特点和规范，比如学术论文、商业报告、新闻稿、自媒体平台的营销稿件等各种类型的写作都有其独特的结构和风格。

为了获得更好的输出结果，我们需要了解如何调整 AI 工具的各项参数，比如学习如何设置温度、最大令牌数等，以根据需求优化输出内容。

如果你刚刚接触 AI，可以参考以下几种学习渠道。

1. 网络教程自学

互联网上有大量的免费教程和付费教程，涵盖了使用 ChatGPT 和其他 AI 工具的基础知识和技巧。你可以根据自己的需求和兴趣，选择合适的教程进行自学。例如，在国内知名的短视频网站上搜索"AI 教学""ChatGPT 教学""AI 绘画"等，均能找到大量的教学分享视频，有些视频不仅教学过程非常细致，还会传授一些新奇独特的使用经验。

2. 购买专业课程

很多在线教育平台和实体机构提供专业的 AI 课程，涵盖从入门到进阶的各个层次。通过购买这些课程，你可以系统地学习 AI 知识，同时可以获得专业老师的指导和建议。例如，在搜索引擎或聊天工具中搜索"AI 课程"就可以找到大量付费或免费的课程。在挑选课程时，首先要关注课程的内容安排是否丰富合理，其次如果课程有免费试听的环节，那么也可以先进行试听再决定是否购买。

3. 参加线上、线下研讨会

你还可以参加各类线上、线下研讨会，这些活动通常会有专业人士的分享和交流，可以帮助你拓宽视野，学习新的知识和技巧。

4. 阅读图书和研究论文

对于有兴趣深入了解 AI 领域的读者，建议阅读相关领域的图书和研究论文，这可以帮助你更系统地学习 AI 知识，并了解前沿的技术动态。

二、实践操作

学习任何技能，动手实践都是关键。尝试参与相关项目或实际应用场景，可以帮助你积累经验，提高技能水平。

对初学者来说，在使用 ChatGPT 进行写作时，实践练习是非常重要的。你可以按照如下步骤一步步尝试，相信很快就会在使用 ChatGPT 方面得心应手。

1. 熟悉工具界面

在开始实践之前，先花一些时间熟悉 ChatGPT 和其他 AI 工具的用户界面，了解其中的各个功能和设置。这将有助于你在使用过程中更加顺畅，从而避免不必要的困惑。

2. 小试牛刀

从简单的写作任务开始，比如编写短篇文章、日常对话或个人日记。这将有助于你逐步熟悉 ChatGPT 的操作和生成效果，同时也可以提高自己对于写作规则和技巧的认识。

3. 多样化练习

挑战不同类型和题材的写作任务，比如故事、信件、演讲稿等。这将有助于你更全面地了解 ChatGPT 在各种场景中的应用，锻炼自己的创意和表达能力。

4. 学会提问

向 ChatGPT 提出具体、明确且有针对性的问题，以引导其生成更准确和有价值的回应。另外，学会如何通过调整问题和指令，来优化输出结果。

5. 反复修改和优化

在生成的内容中，仔细检查并修改错误或不合适的地方。这不仅有助于提高最终作品的质量，还可以让你更加了解 ChatGPT 的生成特点和局限，从而更好地利用它。

6. 与他人分享和交流

分享你的作品和心得，与他人交流经验和建议。通过反馈，你可以了解到自己的优点和不足，以便在未来的实践中做得更好。

通过以上建议，希望你能够在使用 ChatGPT 进行写作的过程中不断提高自己的能力。请记住，实践是最好的老师，只有不断尝试和总结经验，我们才能逐步提高自身技能水平。

三、关注行业动态

了解当前 ChatGPT 的发展趋势以及行业内的最新应用，可以帮助你紧跟技术潮流，拓宽应用视野。你可以通过以下方式获取最新的信息和资源。

1. 行业新闻

定期查阅有关 AI 和自然语言处理领域的新闻和报道，了解最新的技术动态、产品更新和市场变化。你可以关注一些知名的科技媒体、行业博客和社交媒体账号，以获取第一手资讯。

2. 研究报告

在相关论坛、博客以及社交媒体上关注 AI 写作领域的研究报告和分析文章，以了解行业的发展趋势、市场需求和潜在挑战。这将有助于你更好地把握行业脉搏，优化写作实践。

3. 创新应用

关注 AI 写作在各个领域（如广告、教育、媒体等）的创新应用，了解 ChatGPT 等工具如何帮助人们解决实际问题。这将能够为你提供新的思路和灵感，并拓展应用视野。

4. 行业标杆

找到行业领导者，关注他们如何将 AI 应用到自己的产品和生产流中。这将有助于你更好地理解行业的发展趋势和标准，提升自己的写作水平。

四、基础知识储备与编程技能

对于有兴趣深入了解和开发 AI 应用的读者，建议掌握一定的计算机科学和人工智能基础知识，以及编程技能。这将有助于你更好地理解 ChatGPT 的工作原理和潜在应用。你可以通过学习相关课程、阅读图书、参加在线教育等途径，系统地学习这些知识。同时，还可以学习如何通过编写代码（比如掌握 Python 等编程语言）来调用和使用 ChatGPT API。这将有助于你更好地掌握使用 ChatGPT 的技巧，并开发出更多功能丰富、应用广泛的人工智能产品。

本章小结

本章主要探讨了有关 AIGC 技术的相关内容，揭示了像 ChatGPT 这样的 AI 助理是如何改变现代职场和我们的生活的。本章首先介绍了与 ChatGPT 和 AI 助理相关的基本概念；然后系统阐述了 AI 助理在职场中可能引发的深远变革，包括创意思考、决策支持、信息检索等方面；接下来深入剖析了 ChatGPT 在医疗、教育、金融等领域的影响；最后为读者提供了实用的建议，强调了持续学习、实践操作、关注行业动态等方面的重要性。

通过全面的分析和丰富的案例，本章向读者传达了一个核心信息：在这个由 AI 驱动的新时代，理解并有效利用 AI 技术，是每个职场人士面临的挑战，也是他们成功的关键。在后续的章节中，我们将从更实操的角度来为读者揭开 AI 助理的面纱。

第2章

ChatGPT时代的效率神器

02

第 1 节 个人助理：ChatGPT

一、如何使用 ChatGPT

1. 回答简单问题

使用 ChatGPT 回答简单问题时，确保问题表述清晰并包含足够的上下文信息。这将有助于模型准确地理解问题并生成相关答案。为此，可以遵循以下步骤和建议。

(1) **明确问题**。确保你的问题表述清晰、简洁且易于理解。这将有助于模型准确把握问题的意图。例如，你觉得你的狗狗可能病了，想让 ChatGPT 简单判断一下是什么病情，这时你就可以问："我的狗狗这两天没有精神，非常疲惫，最喜欢的游戏也不想玩，它最近好像翻过垃圾箱，里面有一块火腿肉。请告诉我狗狗可能得了什么病。"不要只是问："我的狗狗病了，我该怎么办？"使用前者提问，ChatGPT 会帮你详细分析狗狗的病情，而使用后者提问，它只会说些笼统概括的内容。

(2) **提供足够的上下文信息**。在某些情况下，有些问题可能需要额外的上下文信息才能获得正确答案。在这些情况下，请提供有关上下文信息的简要描述。例如，你想学习炒股，你就可以问："我最近手头有大约 10 万元闲置资金，希望投到股市中，我希望采取尽量平衡的投资策略，不需要盈利很多，但要尽量保持资金安全，请问我应该选择什么样的股票？”不要只是问：“我要炒股，有什么股票推荐？”

(3) **查看结果**。ChatGPT 会生成一个与问题相关的答案。在大多数情况下，答案将直接回答你的问题。然而，如果答案不清楚或与问题不相关，请尝试重新表述问题，以便提供更多的上下文信息。

(4) **评估答案**。虽然 ChatGPT 在许多情况下能提供准确的答案，但它可能并非始终正确。因此，在依赖模型生成的答案之前，请进行适当的评估，并在必要时查阅其他来源以验证信息。

通过遵循这些步骤和建议，你就可以开始利用 ChatGPT 回答简单问题了。

2. 生成长篇文章

当使用 ChatGPT 生成长篇文章时，可以先提供一个详细的大纲或主题描述，然后再逐步引导模型完成各个部分，以确保文章结构清晰且连贯。在文章生成过程中，你可能需要多次与模型互动以获得满意的结果。为此，可以基于以下步骤和建议来指导 ChatGPT 生成长篇文章。

(1) **准备主题和大纲**。首先，确定你要生成的文章的主题。然后，创建一个简单的大纲，列出文章的各个部分，比如简介、主要观点、实例和结论。这将有助于引导模型按照预期的结构生成文章。

(2) **分阶段生成**。将大纲分成若干部分，并针对每个部分与 ChatGPT 进行交互。首先，让模型生成简介。然后，依次生成每个主要观点和实例。通过逐步完成各个部分，可以确保文章结构清晰且连贯。

(3) **提供详细的指示**。在与模型交互时，给出详细且明确的指示将有助于生成更贴近需求的内容。例如，在让模型撰写某一部分时，你可以说明所需的内容、格式或字数限制。

(4) **反复修改**。在生成过程中，某些部分可能需要多次尝试和修改。不要期望一次就能得到完美的结果，要根据需要对模型生成的内容进行反馈和修订，以达到满意的效果。

(5) **检查生成内容的准确性和一致性**。在文章生成过程中，需要不断检查生成内容的准确性和一致性。如果发现与事实不符的信息或逻辑错误，应对相应部分进行修改，以确保文章内容的质量。

(6) **组合和整理**。将生成的各个部分合并成一篇完整的文章。仔细检查语法、拼写和格式错误，并对文章进行润色。确保文章在内容、结构和语言方面都达到预期的标准。

通过遵循这些步骤和建议，你就可以利用 ChatGPT 生成一篇结构清晰、内容丰富且有趣的长篇文章了。请注意，这可能需要一定的时间和耐心，但通过不断实践和反馈，你将能够充分利用模型的能力。

3. 总结核心意思

对于长篇文档或网页，我们可能需要快速理解其核心意思，然后再决定是否要精细阅读。此时就可以让 ChatGPT 总结文本的核心意思。我们可以直接让模型提供摘要或概括。为此，可以遵循以下步骤和建议。

(1) **选择文本**。确定你希望总结的文本，文本内容可以是一篇文章、一段文字，等等。确保文本具有明确的主题和观点，以便模型更好地理解其核心意义。

(2) **提供清晰的指示**。在向 ChatGPT 提问时，请提供清晰的指示，以表明你希望模型为所选文本提供摘要或概括。例如，你可以输入："请为以下文章提供一个简短的摘要。"接下来，你可以将完整的文本作为输入提供给模型。

(3) **设置合适的长度限制**。为了确保摘要简洁明了，请设置一个合适的长度限制。这既可以是字数限制（如 50~100 字），也可以是句子数量限制（如 2~3 句）。在提问时，明确指出你所期望的摘要长度。

(4) **评估生成的摘要**。查看模型生成的摘要，评估其准确性、相关性和简洁性。如果摘要未能捕捉文本的核心意思或包含错误信息，请尝试重新表述问题或提供更多的上下文信息，以便模型生成更好的摘要。

(5) **修改和润色**。对生成的摘要进行修改和润色，确保其语言流畅、清晰易懂。如果需要，可以多次与模型交互，以获取更好的结果。

(6) **验证结果**。最后，请核实生成的摘要与原文是否一致，确保摘要准确传达了原文的核心意思，没有遗漏重要信息或引入错误观点。

通过遵循这些步骤和建议，你就可以利用 ChatGPT 有效地总结文本的核心意思，从而更好地理解和传达原文的主旨。

4. 编写程序代码

ChatGPT 可以辅助编写程序代码。为了获得更好的代码生成结果，你需要提供明确的代码需求和上下文信息，例如，你可以说明所需功能、输入参数和预期输出。另外，提供代码示例或伪代码也会有所帮助。使用 ChatGPT 编写程序代码时，可以遵循以下步骤和建议。

(1) **确定编程任务**。确定你希望完成的编程任务，该任务可以是创建一个函数、编写一个类或实现特定的算法。只有明确任务需求和目标，才能为模型提供清晰的指导。

(2) **选择编程语言**。选择你希望使用的编程语言，比如 Python、JavaScript、Java 等。确保在与模型交互时明确指出所选语言，以便获得适当的代码输出。

(3) **提供详细的指示**。向 ChatGPT 提供详细的指示，以确保生成的代码符合你的需求。指示内容包括任务需求、输入参数、预期输出以及任何特定的编程约定或风格。指示越具体，模型生成的代码就越可能满足你的期望。

(4) **逐步引导模型编写代码**。为了获得更好的结果，可能需要逐步引导模型编写代码。首先请求模型生成一个函数或类的大纲，然后再细化各个部分。逐步完成代码有助于确保代码结构清晰且符合预期。

(5) **检查生成的代码**。仔细检查模型生成的代码，确保其符合预期的功能和需求。检查语法错误、逻辑问题以及潜在的性能问题。如果发现问题，请及时修改代码或与模型进行进一步的交互。

(6) **测试代码**。在实际环境中运行生成的代码，以验证其功能和性能。使用测试用例检查代码的正确性、稳健性和效率。如果发现问题，请对代码做出相应调整。

(7) **重复迭代**。在代码生成过程中，可能需要多次迭代和修改。不要期望一次就能得到完美的结果。反复与模型进行交互，根据需要调整代码，以达到满意的效果。

通过遵循这些步骤和建议，你就可以利用 ChatGPT 编写程序代码，解决实际编程问题。请注意，编写代码可能需要一定的耐心和实践，但通过与模型的反复交互和测试，你将能够充分利用其能力。

5. 不同语言的翻译

ChatGPT 支持多种语言，因此你可以使用它进行翻译、回答非英语问题或生成其他语言的内容。为了获得最佳结果，请确保你输入的语言和期望的输出语言都清晰明确。使用 ChatGPT 进行翻译时，可以遵循以下步骤和建议。

(1) **确定原文和目标语言**。确定你要翻译的原文及其语言，以及希望翻译成的目标语言。例如，你可能需要将一段英文翻译成中文。

(2) **明确翻译需求**。在向 ChatGPT 提问时，请明确指出原文和目标语言。例如，你可以输入："请将以下英文翻译成中文。"然后，你可以将要翻译的文本作为输入提供给模型。

(3) **检查生成的翻译**。查看模型生成的翻译结果，评估其准确性、流畅性以及语法是否正确。如果翻译得不清楚或存在错误，请尝试重新表述问题，或提供更多的上下文信息，以便模型生成更好的翻译。

(4) **逐句翻译**。对于较长的文本，可以考虑将其分为较短的句子或段落，并逐句翻译。这可以帮助模型更好地理解文本，并提高翻译质量。

(5) **修改和润色**。在完成翻译后，可能需要对生成的文本进行修改和润色，以确保其语言流畅、准确且易于理解。你可以根据需要对翻译结果进行反馈和修订，以达到满意的效果。

(6) **验证翻译准确性**。最后，请核实翻译内容的准确性和一致性。如有可能，请与母语为目标语言的人士进行沟通，以获取关于翻译质量的反馈。如果发现问题，请对翻译做相应调整。

通过遵循这些步骤和建议，你就可以利用 ChatGPT 进行翻译工作了。请注意，翻译质量可能因原文的复杂性和模型对特定语言的理解程度而异。在使用模型进行翻译时，请确保对结果进行适当的评估和验证。

6. 生成创意内容

ChatGPT 可用于生成诗歌、短篇小说或其他创意内容。为了激发模型的创造力，你可以提供一个有趣的话题、情景描述或写作要求。使用 ChatGPT 生成创意内容时，可以遵循以下步骤和建议。

(1) **确定创意主题**。确定你希望生成的创意内容的主题，主题内容可以是一个故事、广告文案、诗歌、歌词等。明确主题有助于为模型提供清晰的指导。

(2) **设定风格和要求**。思考你希望生成的内容的风格和特点，比如幽默、严肃、抽象等。同时，确定其他具体要求，比如字数限制、特定的场景或角色等。

(3) **提供清晰的指示**。向 ChatGPT 提供清晰的指示，包括主题、风格以及任何其他相关信息。指示越具体，模型生成的创意内容就越可能满足你的期望。

(4) **分阶段生成**。对于较长或复杂的创意内容，可以将其分为若干部分，并逐步引导模型生成。例如，可以首先请求模型为你的故事创建一个大纲，然后再逐个场景或章节进行创作。这有助于确保内容的完整性和结构的连贯性。

(5) **迭代和反馈**。在创作过程中，可能需要多次迭代和修改。不要期望一次就能得到完美的结果。你可以根据需要让模型进行反馈和修订，以达到满意的效果。

(6) **评估和修改**。首先仔细评估生成的创意内容，检查其逻辑性、准确性和一致性。然后对内容进行修改和润色，以确保语言流畅、有趣且符合预期。

(7) **寻求外部意见**。在完成创意内容后，可以寻求外部意见，以对其质量和效果进行评估。你可以分享你的作品，收集反馈，然后根据需要进行进一步的修改。

通过遵循这些步骤和建议，你就可以利用 ChatGPT 生成富有创意的内容了。请注意，创作过程可能需要一定的耐心和实践。通过与模型的反复交互和调整，你将能够充分发挥其潜力。

总而言之，通过探讨上述不同方面，你就可以充分利用 ChatGPT 的能力，并将其应用于各种实际场景了。

二、更高阶的使用：调用 API 和参数调整

要进一步发挥 ChatGPT 的能力，可以尝试调整模型参数以提升回复质量。例如，调整“温度”参数可以影响回复的随机性；修改“最大令牌数”可以限制回复长度。此外，你还可以通过 API 与 ChatGPT 进行更复杂的交互，比如在编程环境中集成 ChatGPT，实现自定义功能。在使用 ChatGPT API 以及设置参数时，可以遵循以下步骤和建议。

(1) **获取 API 密钥**。要使用 ChatGPT API，需要先获取 API 密钥。通常可以在服务提供商的官方网站上注册并获取密钥。确保妥善保管 API 密钥，以免泄露信息。

(2) **安装相关库和依赖**。根据编程环境和语言，安装所需的库和依赖。例如，在 Python 环境中可能需要安装 `requests` 库，以方便发起 HTTP 请求。

(3) **发起 API 请求**。使用编程语言创建一个 HTTP 请求（如 GET 请求或 POST 请求），并将 API 密钥和其他必要参数附加到请求中。确保指定正确的 API 终端和请求格式。

(4) **设置输入参数**。为 API 请求设置输入参数，以告知模型你希望实现的功能。此步骤可能包括提供问题、指定目标语言（如翻译任务）等。

(5) **调整模型参数**。根据需要调整模型参数，以获得更好的结果。此步骤可能包括设置温度（控制生成文本的随机性）、最大输出长度（限制生成文本的长度）等。

(6) **处理响应**。解析 API 返回的响应，提取模型生成的内容。根据需要处理并格式化生成的文本，以便进一步使用。

(7) **错误处理**。处理 API 请求过程中可能遇到的错误，比如超时、无效参数等。确保代码能够妥善处理这些错误，并在必要时进行重试。

(8) **优化性能**。根据实际需求和限制，优化 API 请求的性能，包括调整批量大小、异步请求等。

通过遵循这些步骤和建议，你就可以更有效地使用 ChatGPT API 以及设置参数了。这将有助于你充分利用 API 的功能，同时确保代码的可靠性和性能。

三、与 ChatGPT 相似的语言模型

除了 ChatGPT，中美两国多家公司纷纷推出了自己的大语言模型，有兴趣的读者可以试用感受一下。

1. 美国的模型

- **谷歌的 BERT（Bidirectional Encoder Representations from Transformers）**。BERT 是一种预训练的深度双向变换器模型，在各种自然语言处理任务中表现优异。与 GPT 不同，BERT 更擅长理解和表示文本，而不是生成文本。
- **微软的 DialoGPT**。这是一个基于 GPT-3 的对话 AI 模型，旨在生成自然、连贯的对话。DialoGPT 在多轮对话任务中表现出色，可用于搭建智能对话系统。
- **亚马逊的 Amazon Alexa AI**。亚马逊的 AI 团队为公司的语音助手 Alexa 开发了自然语言理解和生成技术。虽然 Alexa 主要为亚马逊的语音助手服务，但该技术在很多方面与大型预训练语言模型（如 OpenAI 的 GPT）有所相似。
- **Meta 的 LLaMA**。Meta 首席执行官马克·艾略特·扎克伯格（Mark Elliot Zuckerberg）在 Instagram 上表示，LLaMA 模型旨在帮助研究人员推进工作，在生成文本、对话、总结书面材料、证明数学定理或预测蛋白质结构等更复杂的任务方面“有很大的前景”。①

通过了解这些模型，你可以更全面地了解目前自然语言处理领域的技术状况，从而做出更明智的选择。

2. 中国的模型

目前，中国的大语言模型主要有以下几个代表。

- **文心一言**。百度自研的大语言模型，能够根据用户的指令生成不同风格和主题的文本，比如故事、广告、歌词等。另外，文心一言还能根据文字和绘画风格作画，展示多模态创作能力。
- **MOSS**。复旦大学自研的大语言模型，能够与用户进行智能对话，理解用户的意图和情感，并生成合适的回答。MOSS 还考虑了人类的伦理道德准则，不会产生有偏见或可能有害的回答。
- **混元**。腾讯自研的大语言模型，这是一个统一平台，覆盖了 NLP、CV、多模态等多个领域的任务模型。混元大模型不仅可以处理图文、视频等多种数据类型，也能完成跨模态搜索、生成等任务。
- **通义千问**。阿里自研的大语言模型，这是一个 AI 统一底座，包括自然语言处理、多模态理解与生成等多个核心模型。通义千问不仅能在多个中文语言理解任务上超越人类水平，还能处理分类、分割、检测等视觉任务。
- **盘古**。华为自研的大语言模型，这是一系列超大规模的预训练模型，包括 NLP、CV、多模态、科学计算等。
- **讯飞星火**。讯飞星火由科大讯飞推出，具备七大维度能力，包括文本生成、语言理解、知识问答、逻辑推理、数学题解答、代码理解与编写，以及多模交互能力，其已在教育、办公、汽车、数字员工等领域落地应用。
- **Baichuan**。Baichuan 是百川智能（由搜狗公司前 CEO 王小川创立）推出的系列大语言模型。此前，百川智能于 2023 年 6 月 15 日推出的 70 亿参数量的中英文预训练大模型 Baichuan-7B，经过 C-Eval、AGIEval 和 Gaokao 这 3 个最具影响力的中文评估基准的综合评估，成绩优异。之后，百川智能又陆续推出了规模更大、能力更强的系列模型。

第 2 节　作图神器：Midjourney

一、Midjourney 简介

Midjourney 是基于人工智能技术的图像创作平台，使用扩散模型（diffusion model）生成图片。

Midjourney 平台不仅支持多种图像（如肖像、风景、动物、植物等）生成任务，也支持多种图像风格，比如卡通、油画、水彩等。Midjourney 平台还提供了丰富的样例图片，以帮助用户了解不同模型和参数对图像生成效果的影响。

Midjourney 平台的易用性是其一大优势，用户无须具备专业的计算机技术和图像处理技能，即可使用 Midjourney 平台生成高质量的图像。Midjourney 平台的图像生成过程简单易懂，用户只需上传图片、选择模型、设置参数、运行模型、下载图像即可。

Midjourney 平台不仅是图像创作平台，还是社区交流平台。Midjourney 官方的 Discord 服务器为用户提供了交流和学习的平台，用户可以在该平台上与其他 Midjourney 用户交流，分享图像和经验，获得支持和帮助。此外，Midjourney 还为用户提供了发布和购买创意产品的功能，以帮助用户将自己的创作成果变现，并与其他创作者进行交流和合作。

二、产品版本

Midjourney 有多个版本的模型，每个版本都有不同的特点和优势，后续 Midjourney 还会定期发布新版本，以提升效率、连贯性和质量。本书撰写时 Midjourney 的最新版本模型是 Midjourney V5，该版本于 2023 年 3 月 15 日发布，已经具有非常高的连贯性，并具有解释自然语言提示、高分辨率等特点，支持如重复图案等高级功能。用户可以通过在提示词中加入 `--version` 参数或 `--v` 参数来选择版本，也可以使用 `/settings` 命令在不同模型版本间切换。

以下是 Midjourney 官网文档中的主要模型版本介绍。[②]

- **模型版本 5.2**。Midjourney V5.2 模型于 2023 年 6 月发布。该模型可以产生更详细、更清晰的结果，其颜色、对比度和构图都要优于其他模型。另外，与之前的模型相比，它对提示词的理解也稍好一些，并且对整个 `--stylize` 参数范围的响应更加灵敏。
- **模型版本 5.1**。Midjourney V5.1 模型于 2023 年 5 月发布，与之前的模型相比，该模型具有更强的默认美学效果，易于使用简单的文本提示。Midjourney V5.1 在准确解释自然语言提示、生成更少的不需要的伪影和边界、提高图像锐度等方面表现出色。另外，该模型还支持如 `--tile` 等高级特性。
- **模型版本 5**。Midjourney V5 模型生成的图像更接近于摄影效果。与默认的 Midjourney V5.1 模型相比，这个模型生成的图像更贴近提示，但可能需要更长的提示来达到你想要的美学效果。
- **模型版本 4**。Midjourney V4 是从 2022 年 11 月到 2023 年 5 月的默认模型。该模型采用了全新的代码库和由 Midjourney 设计的全新 AI 架构，在新的 Midjourney AI 超级集群上训练。与之前的模型相比，Midjourney V4 模型有更多的关于生物、地点和物体的知识。

- **Niji 模型 5**。Niji 模型是 Midjourney 和 Spellbrush 的合作产品，主要用于制作动漫和插图风格的图像。它擅长动态和动作镜头以及以角色为中心的构图。

每个模型都可以通过添加特定的参数（如 `--style`、`--v`、`--niji` 等）进行微调，以实现不同的效果和风格。

切换模型主要有两种方式：一是使用版本或测试参数，二是使用设置命令。

三、主要命令

在 Discord 平台上，每个人都可以通过一系列命令与 Midjourney 机器人互动。这些命令的范围涵盖了图像创作、默认设置调整、用户信息查看等多个实用功能，可以在机器人频道、允许机器人操作的私人 Discord 服务器，以及与机器人的私信中自由运用。

以下是 Midjourney 官网文档中介绍的一些主要命令。

- `/ask`：获取问题的答案。
- `/blend`：轻松地将两个图像融合在一起。
- `/daily_theme`：切换 #daily-theme 频道更新的通知提示。
- `/docs`：在官方 Midjourney Discord 服务器上使用，可以快速生成指向用户指南中涵盖的主题的链接。

- /describe：上传图像后，基于该图像编写 4 个示例提示。
- /faq：在官方 Midjourney Discord 服务器上使用，可以快速生成热门提示工艺频道 FAQ 的链接。
- /fast：切换到快速模式。
- /help：显示有关 Midjourney Bot 的有用的基本信息和提示。
- /imagine：使用提示生成图像。
- /info：查看你的账户信息以及任何排队或正在运行的任务。
- /stealth：切换到 Stealth 模式（专为 Pro Plan 订阅者）。
- /public：切换到 Public 模式（专为 Pro Plan 订阅者）。
- /subscribe：为用户的账户页面生成个人链接。
- /settings：查看和调整 Midjourney Bot 的设置。
- /prefer option：创建或管理自定义选项。
- /prefer option list：查看你当前的自定义选项。
- /prefer suffix：指定要添加到每个提示末尾的后缀。
- /show：使用图像的 Job ID 在 Discord 上重新生成 Job。
- /relax：切换到放松模式。
- /remix：切换 Remix 模式。

四、主要参数

在提示中附加的选项称为“参数”，其可以调整图像生成方式。例如，参数能够改变图像的纵横比、在 Midjourney 模型版本之间切换、更改所用的放大器等。参数始终会被追加到提示的末尾，每个提示可以包含多个参数。

以下是 Midjourney 官网文档中介绍的一些主要参数。

- --ar：使用 --aspect 或 --ar 更改生成图像的纵横比。
- --chaos：使用 --chaos 设定结果的多样性，该参数数值越高，结果越不寻常和意想不到。
- --no：使用 --no 从图像中尝试移除某物，比如 --no plants。
- --q：使用 --quality 或 --q 设定渲染质量，该参数数值越高，质量越好，成本越高。
- --r：使用 --repeat 或 --r 根据单个提示创建多个任务，该参数用于快速多次重新运行任务。
- --seed：使用 --seed 或 --sameseed 指定种子数，相同的种子数和提示将产生类似的结果。
- --stop：使用 --stop 在过程中途完成任务，较早完成的任务会产生模糊且细节较少的结果。
- --style:使用 --style 在不同版本的 Midjourney 模型之间切换。
- --s：使用 --stylize 或 --s 影响 Midjourney 默认美学风格在任务中的应用程度。
- --tile:使用 --tile 生成可用于创建无缝图案的重复平铺图像。
- 放大器参数：使用 --uplight 和 --upbeta 选择不同的放大器，改变放大后的图像效果。
- --v：不同版本的 Midjourney 算法可以使用 --version 或 --v 进行切换。

第 3 节　视频生成：D-ID

一、D-ID 简介

D-ID 是一家以色列的创业公司，专门从事面部识别技术的研发。它的主要产品是一种可用于保护个人照片不被面部识别软件识别，以此来保护个人隐私的技术。D-ID 的这种技术通过对照片进行微妙的调整，使其对人眼来说仍然看起来相同，对面部识别软件来说则无法识别。

此外，D-ID 还开发了一种名为“Deep Nostalgia”的技术，这种技术可以使静态的照片动起来，从而给老照片带来新的生命。这是使用深度学习技术实现的，它可以预测照片上人物的面部表情和动作，然后再将这些预测应用到照片上，使照片看起来像是在“动”。

D-ID 的平台可以让用户从文本生成逼真的数字人物，这大幅降低了视频制作的成本和难度。D-ID 的客户包括《财富》500 强公司、营销机构、制作公司、社交媒体平台、领先的电子学习平台和各类内容创作者。D-ID 的解决方案有两种形式：一种是自助服务的创意实境工作台，另一种是面向企业、开发者和创客的 API。D-ID 成立于 2017 年，得到了一流风投的支持。到目前为止，人们已经使用 D-ID 的技术创建了超过 1.1 亿段视频。D-ID 的近期客户包括华纳兄弟影业、阳狮集团、亿滋国际、Skilldora 和 MyHeritage，它们都使用 D-ID 的平台创造了非凡的体验。

二、创建头像

登录 D-ID 平台后，你需要先创建一个头像，以便进一步生成视频，如图 2-1 所示。

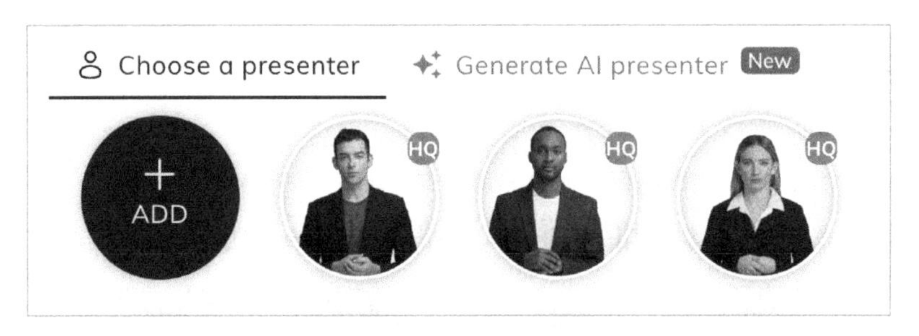

图 2-1　D-ID 选择头像界面

你可以使用 D-ID 自带头像，其中，普通头像可以免费使用，高质量头像（右上角带 HQ 图标）则需要升级成付费会员方可使用（待确认）。

你也可以使用 Midjourney 生成一个卡通头像或者拍摄一张照片，然后点击“+ADD”按钮即可将计算机上的头像上传到 D-ID 的头像库中。

三、生成语音

在语音编辑框内不仅可以编辑头像需要生成的台词，还可以选择不同的语言，如图 2-2 所示，台词文字要和选择的语言保持一致。如果选择的语言是“英语”，那么台词里的文字就要写英文。如果是用法语写的台词，那么语言就要选择“法语”。如果是用中文写的台词，则还可以选择不同的中文口音（如粤语、普通话、河南话等）。选择完语言后，还可以选择不同的音色和情绪。

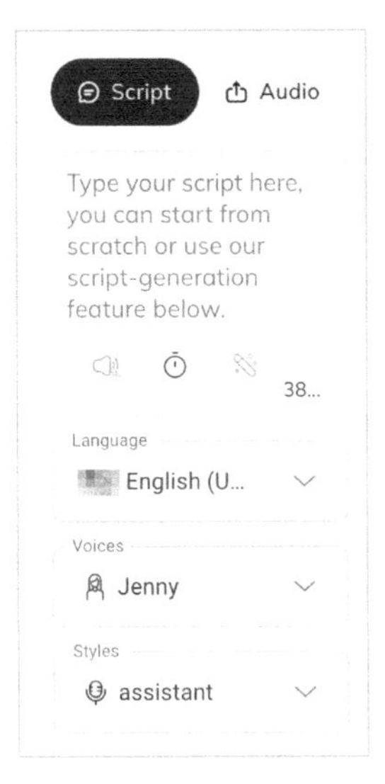

图 2-2　D-ID 选择语言界面

如果不想用 AI 生成的语音，那么也可以选择录制一段语音然后上传。

四、生成数字人

一切都准备好后就可以点击“GENERATE VIDEO”按钮生成数字人了，如图 2-3 所示。

图 2-3　D-ID 生成视频按钮

需要注意的是，D-ID 生成数字人要根据台词的长度付费，台词越长，付费越高。每个新注册用户会赠送 20 个信用点，免费信用点用完后，就要充值了，充值费用从 5.99 美元 / 月到 299.99 美元 / 月不等，如图 2-4 所示。

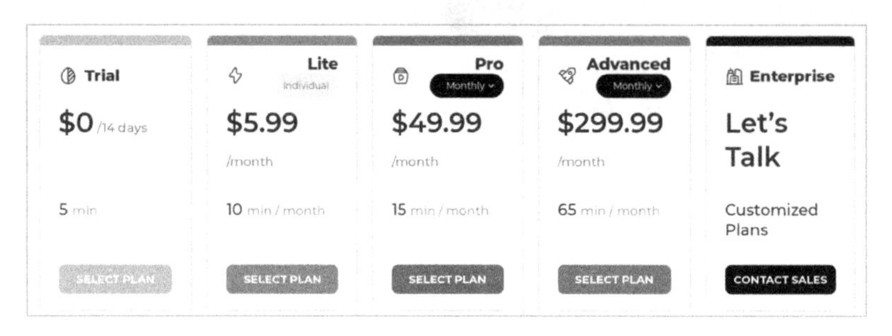

图 2-4　D-ID 充值界面

第 4 节 编写代码：GitHub Copilot③

程序员是一个追求效率的群体，其日常工作就是为别人打造提升效率的工具，自然，他们也会不断提升自身工作效率。但在 ChatGPT 诞生之后，就需要重新讨论一下“工作效率”的问题了。ChatGPT 本身并不是一款为程序员而准备的工具，但当 ChatGPT “破圈”后，所有人都开始重新思考如何利用 AI 技术提升自己的工作效率，程序员当然也不例外。目前具有 AI 能力并得到广泛接受的工具是 GitHub Copilot。

一、安装 GitHub Copilot

GitHub Copilot 的名字中带有 GitHub，而 GitHub 是全世界最大的在线软件源代码托管平台，所以，要想使用 GitHub Copilot，首先要拥有一个 GitHub 账号。

注册好 GitHub 账号之后，就可以安装 GitHub Copilot 了。目前，GitHub Copilot 依托于既有的开发工具，以插件的形式存在。而比较流行的开发工具，比如 JetBrains 出品的各种 IDE，以及微软的 Visual Studio Code，都有 GitHub Copilot 的插件。

下面以 JetBrains 的 IDE 为例，来演示一下如何安装 GitHub Copilot 插件，安装过程可能会随着具体 IDE 以及版本而略有差异。

(1) 在 JetBrains IDE 中，在“File”（文件）菜单（Windows 系统）或 IDE 名称（如 PyCharm 或 IntelliJ，Mac 系统）下，点击“Setup”（设置，Windows 系统）或“Preferences”（首选项，Mac 系统）。

(2) 在“Setup/Preferences”对话框的左侧菜单中，点击“Plugins”（插件）。

(3) 在“Setup/Preferences”对话框顶部，点击“Marketplace”（市场）。在搜索栏中，搜索“GitHub Copilot”，然后点击“Install”（安装），如图 2-5 所示。

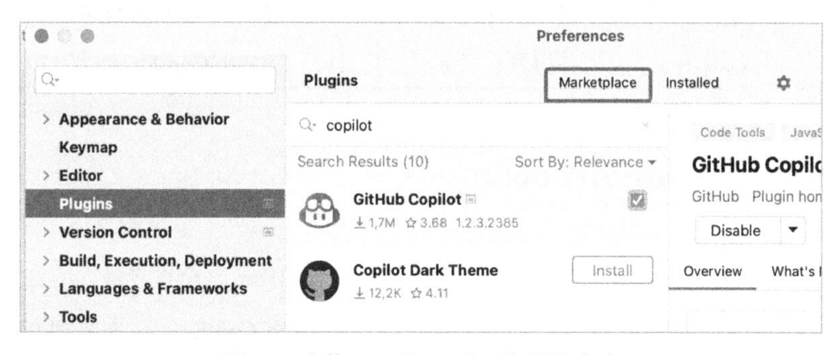

图 2-5　安装 GitHub Copilot 的截图（一）

(4) 安装完 GitHub Copilot 后，点击“Restart the IDE”（重启 IDE）。

(5) JetBrains IDE 重启后，点击“Tool”（工具）菜单，再点击“GitHub Copilot”，然后点击“Login to GitHub”（登录到 GitHub），如图 2-6 所示。

(6) 在“Login to GitHub”对话框中，如果要复制设备代码并打开设备激活窗口，请点击“Copy and Open”（复制并打开），如图 2-7 所示。

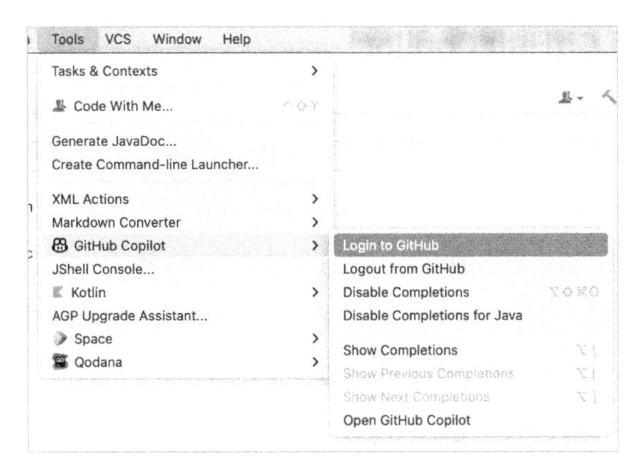

图 2-6 安装 GitHub Copilot 的截图（二）

图 2-7 安装 GitHub Copilot 的截图（三）

(7) 设备激活窗口将在浏览器中打开。粘贴设备代码，然后点击“Continue”（继续）。

(8) GitHub 将请求 GitHub Copilot 所需的权限。如果要批准这些权限，请点击“Authorize the GitHub Copilot plugin”（授权 GitHub Copilot 插件）。

(9) 权限获得批准后，JetBrains IDE 将显示确认。要开始使用 GitHub Copilot，请点击“OK”（确定）。

至此，我们就配置好 GitHub Copilot 了，接下来可以在实际的工作中使用了。

二、使用 GitHub Copilot

GitHub Copilot 的设计目的是帮助我们更高效地写代码。安装好 GitHub Copilot 之后，即便你对它的用法一无所知也没关系，因为在写代码时，它会给你直接的提示，你只要按下 Tab 键就可以接受它的建议，如图 2-8 所示。显然，GitHub Copilot 最简单的用法就是被当作一个更好的代码补全（code completion）功能。

```
public class Person {
    private String name;
    private int age;

    public Person(String name, int age) {
        this.name = name;
        this.age = age;
    }
}
```

图 2-8　利用 GitHub Copilot 编写代码

这还只是让 Github Copilot 帮我们在局部编写代码，我们甚至可以让它编写整个函数。我们只要在注释里把意图告诉 Github Copilot，就像图 2-9 这样，它就可以根据我们的意图生成相应的代码。如果你觉得它写得还不错，就按下 Tab 键接受这个结果，不满意的话，可以按 Esc 键取消。

```
// 写一个 isQualified 函数，用于判断年龄是否大于28岁
public boolean isQualified() {
    return age > 28;
}
```

图 2-9　以注释形式写明简单的意图

这还是一个比较简单的例子。有时候，我们需要做的事情稍微复杂一些，比如在图 2-10 这个例子里，我们需要判断名字中是否只包含汉字。

```
// 写一个 isIllegalName 函数，用正则表达式判断名字中是否只包含汉字
public boolean isIllegalName() {
    return !name.matches("[\u4e00-\u9fa5]+");
}
```

图 2-10 以注释形式写明稍微复杂一些的意图

大多数人对于怎么用正则表达式判断汉字这件事不那么熟悉，通常的做法是用搜索引擎去搜索具体的做法，然后再回到 IDE 继续代码编写工作。而有了 GitHub Copilot 之后，它可以帮我们把两项工作合二为一。我们只要提出要求，它就可以帮我们把这个任务完成。不离开 IDE，减少不同窗口之间的切换，这就是对工作效率的提升。

当然，从体验上说，GitHub Copilot 并不那么完美，总有些用起来不那么流畅的地方，不如前面提到的提升效率的各种方案用起来那么“丝滑”，但这是可以改进的，毕竟它还“年轻”。

有一点我们要知道，GitHub Copilot 的出现要早于 ChatGPT。所以在 ChatGPT 出现之后，很多软件的交互方式会得到重新设计。在这一点上，微软系的产品是走在前列的（无论是很多人已经用上的 New Bing，还是重新设计的 Office 系列），而同属微软系的 GitHub 自然也不会落后太多。GitHub Copilot X 就是这种思想的产物，它借鉴了 ChatGPT 的交互方式，让我们可以通过对话的方式进行代码编写。

当然，如果你对如何利用人工智能感兴趣，那么可以到 GitHub Next 上看看，那里有很多 GitHub 正在开发的工具，当它们都“成熟”的那一天，我们的开发效率就会得到进一步提升。

其实，AI 时代的开发工具并不是只有 GitHub Copilot，亚马逊就为我们提供了 CodeWhisperer，它在用法上与 GitHub Copilot 大同小异，而且号称免费。我也见到很多人在编写代码的时候，屏幕的一角放着 ChatGPT 或者 New Bing，以便随时随地与它们进行交流，让它们协助写代码或者改 Bug。

至少在今天来看，AI 扮演的角色还只是 Copilot（副驾驶），而主驾驶是我们。所以，我们更应该思考的问题是如何利用 AI 写好代码。在 AI 时代，是否善于利用工具会造成人和人之间巨大的差异，就像不会用快捷键和代码模板的程序员就只能慢吞吞地敲代码，而会用快捷键和代码模板的程序员简直是在批量生成代码。

同样的事情也会发生在这些 AI 工具上，无论是 GitHub Copilot，还是 GitHub Copilot X，其最大的进步是让我们可以通过自然语言描述意图进行编码，“写”代码这个过程本身已经不再是程序员效率的阻碍。因此，能够向 AI 提出合适的问题，会变成未来程序员的一项核心技能。

本章小结

本章主要探讨了 ChatGPT 如何成为个人助理，以及它是如何与诸如 Midjourney、D-ID、GitHub Copilot 之类的其他创新工具协同工作的。首先，本章讲述了如何在回答简单问题、生成长篇文章、总结核心意思、编写程序代码等方面使用 ChatGPT。然后，本章介绍了与 ChatGPT 相似的语言模型，这些模型中既有美国的模型（如谷歌的 BERT、微软的 DialoGPT、亚马逊的 Amazon Alexa AI 等），也有中国的模型（如文心一言、MOSS、混元、通义千问等）。最后，本章展示了 Midjourney、D-ID、GitHub Copilot 等 AI 工具在绘图、视频生成、编程等领域的应用，强调了这些工具如何辅助创新和提升效率。

本章的核心在于，ChatGPT 及相关 AI 工具不仅仅是技术创新的代表，更是现代工作效率提升的重要驱动力，在这个快速发展的 AI 时代中，我们应最大限度地发挥 ChatGPT 及相关工具的潜力。

第3章 ChatGPT的提示词撰写

03

第 1 节 基于提示词的会话特点①

要想用好提示词，首先需要对 AI 的能力有一个基本的了解。就像使用任何工具一样，只有先对 ChatGPT 的特点有一个基本了解之后，才能让它更好地为我们服务。

ChatGPT 是一个语言模型和对话系统，它的特点可以总结为 4 个“知”。

- **知识丰富**。ChatGPT 拥有海量的知识，可以回答各种类型的问题，涉及的领域非常广泛，包括历史、文化、科学、技术等诸多方面。
- **知人晓事**。ChatGPT 能够根据上下文理解人们的意图和兴趣，并提供个性化的回答和解决方案。它会基于在聊天过程中了解到的关于用户的信息做出最为贴切的回应。
- **知错就改**。ChatGPT 能够在对话中不断学习和改进。如果用户指出它的某个回答存在问题，它会承认错误，并学习从中改进，在将来的对话中避免类似错误。它追求的是不断提高准确性和有用性。

- **知法守法**。ChatGPT 会遵守道德和法律规范，不会做出危险、不道德或违法的回应，也不会对“危险”问题给予响应，这样既确保了用户交互的合法性和安全性，也确保了自己不会被用来破坏社会秩序。

下面我们来具体了解一下 ChatGPT 的这些特点。

一、知识丰富的 ChatGPT

我们知道，ChatGPT 之所以这么强大，主要是因为背后有 AI 模型做支撑。从目前的技术来看，AI 模型是要通过大量数据进行训练的。ChatGPT 背后的核心技术称为“大语言模型”（large language model），这里的“大”主要指的就是数据量大。

在训练模型的过程中，开发 ChatGPT 的 OpenAI 公司从维基百科、新闻报道、小说、社交媒体帖子等众多资料中汲取了海量的数据。正是有了这些数据的加持，使得 ChatGPT 了解了大部分已有的知识。由于 ChatGPT 的训练数据源非常广泛，因此它可以回答许多类型的问题，并能够为用户提供很多有用的信息。

对于大部分的知识类问题，ChatGPT 能够给出一个合适的答案。例如，在下面的对话中，我问 ChatGPT 太阳系有多少颗行星，ChatGPT 就给出了简明扼要的回答。当我把这个话题从行星进一步延伸到小行星时，它给出的回复依然较为准确。

太阳系有多少颗行星？

太阳系共有 8 颗行星，按到太阳的距离由近及远依次是水星、金星、地球、火星、木星、土星、天王星和海王星，其中前 4 颗行星被称为“内行星”，后 4 颗行星被称为“外行星”。

这 8 颗行星应该是大行星吧？太阳系还有很多小行星。

是的，这 8 颗行星都是太阳系中的大行星，它们体积较大，自身重力足以使其成为近似球形的天体，并且它们的轨道近似圆形。此外，太阳系还包含大量的小行星、彗星、矮行星和其他天体，其中，小行星是体积较小、没有清除其轨道附近其他物体的天体，而彗星是由冰和尘埃组成的天体，在靠近太阳时会出现明亮的彗尾。矮行星是体积较小的行星，也没有清除其轨道附近其他物体，但是比小行星要大，比如冥王星就是一个矮行星。因此，太阳系中的天体种类非常多。

如果你问 ChatGPT“地球是什么？”，它可以回答：“地球是太阳系中的第三颗行星，也是人类所在的行星，具有大气、水、陆地等特征。”这个答案不仅简明扼要，还提供了关于地球的基本信息，可以给用户带来更多的启发。

随着 GPT-4 发布之后，ChatGPT 的能力得到了进一步提升，其中一个很大的转变是插件（plugin）系统的引入。

前面我们说过，AI 模型是一个训练好的模型，这也就意味着 AI 模型的知识是有时间线的，它无法了解新知。ChatGPT 背后的模型是语言模型，语言模型的主要工作是对语言进行扩展，换言之，它的能力强项是语言，所以，像数学计算这种事情它并不擅长。

有了插件系统，一切就不同了，因为 ChatGPT 既有能力的不足可以通过插件来弥补。

- 通过搜索插件，ChatGPT 可以进行网络搜索，获取更新的知识，弥补其知识上的欠缺。
- 通过数学插件，ChatGPT 可以更好地进行数学计算，弥补它不擅长的推理能力。

ChatGPT 的插件系统将极大地拓展 ChatGPT 的能力，站在用户的角度，这种能力的拓展对我们来说则意味着 ChatGPT 的知识会得到进一步的拓展。可以想象，当 ChatGPT 拥有了更丰富的专业插件之后，它就可以回答更加复杂和具体的问题，同时也可以提供更加深入和专业化的解释和背景知识。

二、知人晓事的 ChatGPT

ChatGPT 展现出了较强的“知人晓事”能力，能够根据上下文理解人们的意图和兴趣，它所做出的回答并不僵化，而是非常富有个性。

首先，ChatGPT 能够精确理解人类语言，并做出相应的回答。它可以分析输入的文本，理解话语背后的意图和重点，然后给出相关的回复。如果用户问了一个开放性问题，它会考虑多个方面后再做出回答；如果用户的问题较为具体，它也能给出相对明确的回复。这表明 ChatGPT 高度理解自然语言，可以与人进行流畅沟通。

其次，ChatGPT 能够根据不同交流对象的不同立场与需求，调整自己的回复角度。如果用户是一个小孩子，它就用简单易懂的言语来回答问题。如果用户是一个专业人士，它就用更加专业的词汇和表达方式。如果用户提到自己处于某个具体的环境下或剧情场景中，那么 ChatGPT 也能站在对应的角度来构思回答。这体现了它对人与语境的深刻理解。

在下面的例子里，我以小学生的身份请 ChatGPT 给我解释了氧气的作用，不难看出，它的回答相当浅显易懂，非常适合小学生的理解水平。

我是一名小学生，请给我解释一下氧气的作用。

氧气是一种无色、无味且无臭的气体，它是地球上最重要的气体之一，因为它在维持生命的过程中发挥了关键作用。我们呼吸的空气中含有大约 21% 的氧气，这就是我们需要呼吸空气来保持生命的原因之一。

氧气的作用是帮助我们的身体产生能量，这个过程称为“细胞呼吸”。当我们吸入氧气时，它会进入我们的肺部，然后会通过血液运输到我们的细胞中。在细胞中，氧气与我们摄入的食物中的营养物质结合，会产生能量、二氧化碳和水。

除了产生能量，氧气还有助于维持身体的正常功能，比如保持心脏、肺部和脑部的正常运作。如果没有足够的氧气，我们的身体就会变得疲惫、无力，甚至可能会有生命危险。

总而言之，氧气在维持我们的身体正常运作和生命活动中扮演着至关重要的角色。

如果想用好 ChatGPT，那么深入理解 ChatGPT 这个“知人晓事”的特点至关重要。市面上有大量关于 ChatGPT 的提示词模板，其中，为 ChatGPT 设定角色是很多提示词模板的关键操作，而这一设定的关键就是利用了 ChatGPT“知人晓事”的特点。

当我们根据自身需求，以不同的角色、不同的角度与 ChatGPT 对话时，它都能理解我们的意思并做出回应。这也使得我们与 ChatGPT 的交流变得生动有趣，而不再单一枯燥。

正是因为具有“知人晓事”这一特点，相比于传统的对话机器人，ChatGPT 看上去才是那么“善解人意”，而这也是它受欢迎的一个重要原因。

三、知错就改的 ChatGPT

如果你用过 ChatGPT，那么不难发现，作为一个 AI 系统，ChatGPT 虽然拥有广博的知识和理解能力，但在回答问题的过程中，也难免会出现错误或给出不够准确的答案。这主要是由以下几个原因造成的。

(1) **数据源的不确定性**。ChatGPT 的知识库是通过从互联网上收集数据而构建的。然而，这些数据的质量和准确性并非完全可靠。有些数据来源可能存在错误和偏见，这就会对 ChatGPT 的知识产生一定的影响。

(2) **训练数据的不足**。ChatGPT 是通过对大量的文本数据进行训练来学习语言知识的。然而，这些训练数据并不包含所有的知识，有些领域的知识甚至没有被包含在训练数据中。因此，当 ChatGPT 在回答有关这些领域的问题时，就可能出现错误。

(3) **语言的歧义性**。人类语言是具有歧义性的。同样一句话，在不同语境下可能会有不同的含义。尽管 ChatGPT 能够理解人类语言，但是在处理歧义性问题时，它仍然可能出现错误。

(4) **模型的局限性**。ChatGPT 是一种基于模型的 AI 技术。它的回答主要基于模型的计算结果，而这些计算结果可能会受到模型的局限性的影响。例如，模型的计算能力不足或者模型的结构不够优秀，都会对模型的回答产生一定的影响。

正是由于 ChatGPT 存在这些不足，因此，我们经常会看到它出现所谓的“一本正经地胡说八道”。虽然 ChatGPT 可能犯错，但它具有“知错就改”的特点。当你指出 ChatGPT 的回答有误时，它会在内部对问题进行重新分析和处理，从而做出更加准确和恰当的回答。这种特点使得

ChatGPT 可以不断地学习和进步，进而不断地完善自己的回答。

在下面这个例子里，当我指出 ChatGPT 回答中的错误时，它立刻就进行了纠正并补充了一些相关的信息。

老舍是谁?

老舍是二十世纪中国著名的作家、剧作家和文学家。他的代表作包括小说《骆驼祥子》《四世同堂》《茶馆》等，以及话剧《雷雨》《龙须沟》等。他的作品具有强烈的现实主义色彩和深刻的社会批判意义，曾多次获得文学奖项。他还曾担任过北京市文联主席、中国作家协会副主席等职务，对中国文学和文化事业的发展做出了重要贡献。

《雷雨》不是老舍的作品吧?

非常抱歉，我的回答有误。《雷雨》是曹禺先生的作品，而非老舍的作品。曹禺是二十世纪中国著名的现代话剧剧作家，代表作品有《雷雨》《日出》《原野》等。他的作品关注人性和社会现实，探讨人的自由和幸福，具有深刻的思想内涵和艺术价值。再次对此前的错误回答表示歉意，谢谢您的指正。

四、知法守法的 ChatGPT

作为一个 AI 语言系统，ChatGPT 在模型训练过程中就进行了一定程度的限制，以确保产生的所有内容都符合法律和道德规范，不会给用户或社会带来负面影响。这就体现了其“知法守法”的品质。

首先，ChatGPT 生成的每条回答都经过了严格检验，不会包含任何非法、危险或不良信息，这包括但不限于涉及版权、隐私、人身安全等方面。例如，当用户提问关于盗版软件下载的问题时，ChatGPT 会明确告知用户这种行为是非法的，并引导用户寻找合法途径。另外，在一些政治敏感话题上，ChatGPT 也能做到遵守相应的法律法规，以避免在涉及政治、宗教、种族等方面的问题时出现偏见或不当言论。

其次，当用户提出的问题存在不良倾向时，ChatGPT 能够给予关怀和引导。例如，当用户提问与自杀相关的问题时，ChatGPT 不会简单地给出“不建议自杀”的回答，而会尽力引导用户寻求专业的帮助和支持，以避免对用户造成不良影响。类似地，当用户提问涉及违法犯罪的问题时，ChatGPT 会明确告知用户这种行为是违法的，并引导用户寻找合法的解决方案。

在下面的例子里，我向 ChatGPT 问了一个不恰当的问题，很明显，它并没有回答我，而是告诉我，这种做法是不合适的。

怎样获取蒙娜丽莎画像？

我很抱歉，作为一个人工智能语言模型，我不会鼓励或提供任何有关非法行为的建议。蒙娜丽莎画像是一件非常珍贵和有价值的艺术品，它是全世界的文化遗产，应该被妥善保护和展示。我建议你尊重艺术品的价值和重要性，去欣赏和学习它的历史和文化背景。

至此，我们已经对 ChatGPT 有了一个基本的认识，这些特点是我们用好 ChatGPT 的前提条件。例如，我们知道 ChatGPT 是知法守法的，因此就不要问它一些不合适的问题，或者，当你不确定一个问题是否合法时，可以让 ChatGPT 帮你做判断。后面我们还会介绍一些使用 ChatGPT 的具体方法，这些方法会在不同的地方帮助我们更好地运用 ChatGPT。不过，在此之前，让我们先来了解一下 ChatGPT 另外一个重要的能力：会话。

第 2 节 用提示词交互的会话方式

如果把 ChatGPT 比作一个人，那么你现在已经对 ChatGPT 这个人有了初步的认识。不过，我们的重点是要和这个人对话，因此还要知道怎样与其进行交流。

作为一个对话系统，ChatGPT 的会话有如下特点。

- **一话一世界**。每个对话框中的 ChatGPT 都是一个独立的实例，拥有自己的对话上下文和知识。
- **连续会话**。用户可以与同一个 ChatGPT 就一个主题持续不断地对话，不断深入探讨。

下面我们就来了解一下 ChatGPT 的会话能力。

一、一话一世界

虽然上文中把 ChatGPT 比作一个人，但实际上，ChatGPT 是一个统称，每次当我们开启一个新的会话时，面对的都是一个新鲜的 ChatGPT 实例，这才是我们理解的“一个人”，这样的区别就像是我们谈论中国人和我们所面对的每个具体的中国人的区别一样。

与我们交流的每个 ChatGPT 都是一个独立的个体，它会记住前面所有的交流上下文，并基于这些内容继续推进对话。当用户在不同的对话框与 ChatGPT 交流时，ChatGPT 不会混淆不同对话的上下文，每个对话都像发生在一个独立的世界里。这使得用户可以同时与多个 ChatGPT 就不同的话题进行交流，而不用担心它们会被混淆和影响。

基于 ChatGPT 的这一特点，使用 ChatGPT 的一个最佳实践是，让每个会话窗口都做一件独立的事，然后我们可以把这些会话窗口分别命名为“新知小助手”“写作小助手”“命名小助手”，等等。

二、连续会话

如果一话一世界说的是 ChatGPT 在不同会话窗口的特点，那连续会话讲的就是 ChatGPT 在同一个会话窗口的特点。

在同一个会话窗口内，ChatGPT 会记住前面所有的交流上下文，并基于这些内容继续推进对话，而不会因为用户在对话框中输入新内容就忘记了前面对话的要点和内容。正是因为有这样的特点，我们与 ChatGPT 的交流才可以进行得更加深入和广泛。用户可以一层层地剖析一个话题，不断提出更高层次或更加专业的问题，ChatGPT 也能跟进得体，贴合上下文进行回应。

这种连贯且连续的会话体验，其实更接近于真正的沟通交流。后面我们在讲到 ChatGPT 使用技巧时会建议你向 ChatGPT 提供更多的上下文。但实际上，大多数人很难在对话一开始就把所有的上下文都想清楚，更多的时候，我们是看到了 ChatGPT 的回复才发现，它的回答与我们的预期存在差距。所以，使用 ChatGPT 的一个最佳实践是，在同一个会话中不断地给 ChatGPT 补充更多的上下文，这样 ChatGPT 的回复才会越来越接近我们的预期。

这里还有一个使用 ChatGPT 的小技巧，由于 ChatGPT 本身能力的限制，我们经常会看到它输出的内容说了一半就停下了，这个时候，只要要求它“继续”，ChatGPT 就可以接着未完成的内容继续输出。

ChatGPT 的会话的这两个显著特点，使其真正达到了一般理解上的“会话”的标准。ChatGPT 不但能记得每段对话的精髓，还能始终专注在当前讨论的话题上。与 ChatGPT 的交流不仅是一种十分愉悦的体验，也让我们体会到了会话可以进行到多么深的层次。ChatGPT 的这两个特质，也使我们能够在与其交流的过程中不断获得新的认知与领悟。

至此，我们已经对 ChatGPT 有了一个整体上的了解，那应该怎样看待 ChatGPT 呢？

在与 ChatGPT 交流时，最好把它看作一个“明事理的小神童”。它知道许多事情，但理解力还不及成人，需要我们适当引导。ChatGPT 像一个聪明的孩子，需要清晰的提示才能准确理解我们的意图。如果问题过于模糊或复杂，那么它的回答也会不够精确，因此我们要对其思维进行适度引导。

作为我们的工具，ChatGPT 需要我们来主导内容和方向。作为忠诚的小伙伴，ChatGPT 虽然不会将我们引到危险或错误的方向，但它也无法完全掌控主动权。我们需就感兴趣的话题与 ChatGPT 进行探讨，对其进行提问并做出判断，只有这样，ChatGPT 才能发挥出最佳的作用。

第 3 节 ChatGPT 的提示词使用技巧

经过前面的介绍，相信大家已经对 ChatGPT 有了一个比较完整的认识。我们之所以要了解这些内容，主要是希望 ChatGPT 能够在实际的工作或生活中给予我们帮助。有了这些了解，接下来就可以让 ChatGPT 帮助我们完成工作了。

不同的人使用 ChatGPT 的效果千差万别。有的人能运用它完成各种工作任务，有的人却只能通过它得到一些无关痛痒的内容，其中的差异就是每个人使用 ChatGPT 技能上的差异。

一、怎样用好 ChatGPT

如果想用好 ChatGPT，那么需要做到以下几点：

- 定义任务目标；
- 给 ChatGPT 下达命令；
- 根据 ChatGPT 生成的结果进行调整。

与 ChatGPT 进行交互的第一步是定义任务目标。一个明确、清晰的目标可以使 ChatGPT 更好地理解用户的意图，从而帮助用户生成更加符合要求的文本。很多时候你无法得到有效结果的根本原因是目标不清晰，例如，你希望 ChatGPT 帮你生成 10 条文案，却只告诉它“生成文案”，那自然很难得到预期的结果。

在使用 ChatGPT 之前，我们需要明确自己的任务目标，这样才能有效地提高 ChatGPT 给出的建议或生成结果的质量，最大限度地发挥 ChatGPT 的作用。如果目标不清晰，那么 ChatGPT 就只能给出“不痛不痒”的回答。如果无法判断实际需求和期待，那么就达不到切实有效的交互目的。所以，每次交流前，明确任务目标至关重要，这可以让 ChatGPT 更好地理解我们的意图。

明确任务目标之后，就可以进入给 ChatGPT 下达命令的环节了。不同的命令，其效果是不一样的，这里的“命令”就是本章讨论的“提示词”。虽然我们面对的是同样的 ChatGPT，但提示词运用上的差异会造成得到的结果的差异。

接下来我们讨论的重点就是怎样写好提示词。不过，在此之前，先来看看用好 ChatGPT 的最后一步——根据结果进行调整。

这里的调整分为两个方面。一方面，如果你对生成的结果不太满意，则可以对提示词进行修改，要求 ChatGPT 重新生成一个回答。我们可以修改提示词的措辞或是增加更多的上下文信息，让 ChatGPT 进行更清晰的理解，然后重新生成回答。很多时候，通过这种方法，我们可以得到更加切合需要的新回答。

另一方面，如果你对生成的结果基本满意，那么往往还可以对该结果进行人工调整。这是因为 ChatGPT 生成的内容是相对通用的，而有时候我们需要更有自己特点的内容，例如，当你让 ChatGPT 写一封邮件时，虽然它写的内容还可以，但看上去非常像一篇公文，这时我们就可以通过修改，让这些内容看上去更像出自我们自己的手笔，这个过程可以称为“加人味儿”。

现在，我们已经对怎样用好 ChatGPT 有了一个基本的理解，接下来进入更为关键的部分：怎样写好提示词。

二、怎样写好提示词

什么样的提示词是好提示词呢？让我们来看一个公式：

提示词 = 定义角色 + 背景信息 + 任务目标 + 输出要求

为了让大家对这个公式有一个直观的认识，我们先来看一个例子。

你现在是我的文案助手，我要给毕业班学生写一封邮件，通知他们周三下午到学校大礼堂，学校邀请了非常著名的升学专家给他们做分享，介绍关于升学报名的信息，希望大家可以积极提问，邮件字数要求 200 字以内。

尊敬的毕业班学生：

你们好！在这个即将面临升学压力的时刻，我们学校非常关心你们的升学问题，为此特别邀请了非常著名的升学专家前来为大家做一次升学报名分享会，以帮助你们更好地了解升学相关信息。

此次分享会将于本周三下午在学校大礼堂举行。在分享会上，升学专家将分享关于升学报名的最新信息和自身经验，希望能够为大家的升学之路提供有价值的建议和指导。同时，我们也鼓励大家积极提问，与专家互动，共同探讨升学相关话题。

此次分享会是我们学校的一项重要活动，旨在帮助大家更好地面对升学挑战。希望你们能够珍惜这次机会，认真参加，并将所获得的知识和经验运用到自己的升学规划中。

感谢你们的支持和配合！

此致

敬礼！

××× 学校

在这个例子里，我们给 ChatGPT 设定的角色是文案助手，背景信息是通知毕业班学生周三下午到学校大礼堂听升学专家的分享，任务目标是写一封邮件，输出的字数要求是在 200 字以内。可以看到，ChatGPT 基本上是按照我们的设想写了一封还不错的邮件。

有了初步的了解之后，接下来，我们来解析一下前面那个公式。

1. 定义角色

定义角色的作用是为 ChatGPT 赋予特定的角色，让其从特定的角度进行思考和回答。例如，可以让 ChatGPT 扮演历史学家的角色，从历史的角度回答我们的问题；也可以让 ChatGPT 扮演医生的角色，从医学的角度回答我们的问题。通过被赋予特定的角色，ChatGPT 可以根据这个角色的知识和经验，给出更为准确和专业的回答。

ChatGPT 是基于大语言模型的，这个模型本质上就是基于上下文信息推断将要输出的内容。如果不给它提供额外信息，那么它生成的内容就是通用的。而当我们给 ChatGPT 设定了角色之后，也就相当于给它提供了额外的上下文信息，这样它就能针对这个上下文信息进行内容输出了。也正是因为如此，ChatGPT 才具备了“知人晓事”的特点。

同样是回答医学问题，如果让 ChatGPT 扮演医生的角色，那么它输出的内容就会与诊断治疗相关，而如果让它扮演医学论文写作者的角色，那么它生成的内容就会更加专业。由此可见，对 ChatGPT 而言，定义一个特定的角色非常重要。

除了让 ChatGPT 扮演一个特定角色，我们也可以让自己扮演一个角色，让 ChatGPT 针对我们的角色进行解释。例如，针对某一问题，我们可以扮演一个初学者的角色，让 ChatGPT 从基础的角度进行解释；或者扮演一个专业人士的角色，让 ChatGPT 从专业的角度进行解释。通过定义自己的角色，我们可以让 ChatGPT 根据我们的知识水平和需求，给出更为恰当和贴合实际的回答。下面就是一个例子。

微积分是什么?

微积分是数学中的一个重要分支，主要研究函数的极限、导数、积分等概念及其应用。微积分中最基本的概念是导数和积分。导数描述的是函数在某一点处的变化率，也可以理解为函数的斜率；积分描述的是函数在某一区间内的累积变化量，也可以理解为函数与坐标轴围成的面积。这两个概念是相互关联的。通过导数和积分可以研究函数的性质和行为。微积分在科学（如物理）、工程、经济学等领域都有广泛应用。微积分的发展历史可以追溯到十七世纪，牛顿和莱布尼茨被认为是微积分的创始人。

我是一个小学生，没听懂你说的。

非常抱歉，让我用简单一点儿的语言来解释一下。微积分是一种数学工具，它能帮助我们研究曲线和图形的变化。例如，我们可以用微积分来计算一条曲线在某一点的陡峭程度，或者计算一个图形的面积。微积分非常重要，因为它可以解决科学（如物理）、工程、经济学等领域的许多问题。

在这个例子里，我们分别以成年人和小学生的角色让 ChatGPT 给我们解释了什么是微积分。对比两段关于微积分的解释，很明显，给小学生解释的版本要更加浅显易懂。

2. 背景信息

背景信息指的是为 ChatGPT 提供与任务相关的背景知识，包括但不限于相关概念、事件、人物等。这些背景信息将有助于 ChatGPT 更好地理解任务，并为产生正确的内容和回答提供支持。

这和我们在日常工作中与领导进行沟通是类似的。当接到领导下派的任务时，我们肯定希望领导能够把各种背景信息、前因后果一次性交代清楚，否则，我们就只能靠着自己的悟性去发挥了。同样，当面对 ChatGPT 这个“下属”时，我们也要尽可能地给它提供更多的信息，让它对自己面对的任务有更深刻的理解。我们提供的信息越充分，ChatGPT 的回复就越接近我们的需求。

在下面这个例子里，我们要求 ChatGPT 写一首七言绝句，它很快就生成出来了，但内容非常随机。

写一首七言绝句。

鱼影婆娑水波动，荷香阵阵夏日凉。

蝉声欲断花问雨，静听微风抚松长。

而当我向它提供更多的背景信息之后，它生成的内容更接近我的需求了。

写一首描绘春天生机勃勃的七言绝句，但不要出现“春”这个字。

百花争艳色缤纷，燕子穿林婉转鸣。

和风拂面吹花落，轻舞飞鸟展翅腾。

3. 任务目标和输出要求

如果说定义角色和背景信息是我们在帮助 ChatGPT 更好地理解我们，那接下来要讲的“任务目标”和“输出要求”则是我们对 ChatGPT 提出的要求。

关于任务目标，前面已经讲过了，这是我们在一开始就应该想好的事情。任务目标越清晰，越有利于 ChatGPT 帮助我们完成工作。

在明确 ChatGPT“给谁在什么背景下完成什么样的工作目标”的定义之后，我们就来到了整个提示词的最后一步：输出要求。在这一步，我们可以告诉 ChatGPT 用什么样的方式完成任务，比如格式上是纯文字，还是要有表格；回复的节奏是一步一步的，还是要给出一个整体的输出。

下面是一个例子。我让 ChatGPT 给我安排一个到西安旅游的行程，要求输出的格式是一张表格，ChatGPT 很好地满足了我的需求。

你来扮演我的导游，我要到西安旅游，旅游地点需要包含钟楼、大雁塔和秦始皇兵马俑博物馆。因为我会带着小孩，所以希望行程安排得宽松一些。请帮我设计一个两天的行程，用表格方式输出，表格中只包含每天上午、下午的行程即可。

好的，请看下面是我为您设计的两天西安旅游行程表格。

时间	行程安排	备注
第一天上午	早餐	
	游览钟楼	
第一天下午	游览大雁塔	需要提前预订门票
	在大雁塔附近品尝特色小吃	
第二天上午	游览秦始皇兵马俑博物馆	需要提前预订门票
	前往秦始皇兵马俑博物馆附近的博物馆参观	
第二天下午	前往回民街，品尝当地美食	
	在回民街附近游览钟楼，欣赏夜景	

希望这个行程安排符合您的需求。如果您还有其他问题或要求，请随时告诉我。

至此，我们已经对用什么样的提示词给 ChatGPT 下达命令，让它帮助我们更好地完成工作有了完整的了解。在大部分情况下，前面给出的提示词公式能够帮助我们更好地指导 ChatGPT 完成各种任务。

虽然这个公式在使用 ChatGPT 时很有帮助，但我们也要意识到它并非苛刻的模板。因此，我们需要根据具体情况来灵活应用这个公式，并进行适当的调整和修改。

在实际使用中，我们往往需要借助 ChatGPT 来解决一些具有复杂性或不确定性的问题，但我们很难一次性提供解决问题所需的所有信息。这时候 ChatGPT 就可以帮助我们弥补这些信息的缺失。

当我们向 ChatGPT 提出问题时，它可能会返回一些不够完整或不准确的答案。我们往往是在看到 ChatGPT 的回复之后，才发现一些信息的缺失。这时候，我们需要继续与 ChatGPT 进行对话，向它提供更多的信息，让它重新调整自己的回答。通过这种连续对话的方式，我们可以逐步完善问题，从而获得更准确、更完整的答案。

同时，这种连续对话的方式也可以让我们更好地理解问题，从而更加清晰地表达自己的需求。ChatGPT 可以通过对话的方式向我们提出一些问题，引导我们提供更准确、更完整的信息，从而帮助我们更好地理解问题的本质。

第 4 节 ChatGPT 提示词应用实例

经过前面的讨论，我们已经对 ChatGPT 的特点以及如何用好 ChatGPT 有了比较完整的认识。接下来，我们将用几个实例来演练一下学到的东西。

本节中用到的实例如下：

- 编写工作日报，这是一个工作中的例子；
- 获取新知，这是一个生活中的例子；
- 头脑风暴，这是一个生成创意的例子。

下面我们一个一个具体地来看一下。

一、写工作日报

许多人在工作中不可避免要写日报。对个体而言，记录每日工作进展、问题和解决方案是一种很好的习惯。这不仅可以帮助我们更好地了解和掌握自己的工作，还可以为日后回忆提供参考。对公司而言，每日汇报的日报则可以让管理层了解整个团队的工作进展，从而跟进项目并及时调整计划。然而，整理日报的过程通常非常烦琐，这也是很多人不愿意写日报的原因之一。如果能利用 ChatGPT 等技术，自动化地整理日报，那么无疑可以大大提升工作效率，节省时间和精力。

如何让 ChatGPT 来帮助我们呢？如前所述，要想用好 ChatGPT，就要从制定任务目标开始。如果让 ChatGPT 来帮我们写日报，那它能做些什么呢？

如果我们直接让 ChatGPT 写一份日报，那它只会生成一份通用的日报，内容可能跟我们的工作没有任何关系，显然这也不是我们希望看到的。与我们的具体工作相关的信息只有我们自己能够提供。在写工作日报时，大多数人真正反感的是整理日报的过程，而对于这个过程，ChatGPT 能够给予我们帮助。因此，我们需要与 ChatGPT 协作，以提升日报整理的效率。

我们可以与 ChatGPT 约定好日报的格式，并提供相关的具体信息，让 ChatGPT 帮助我们整理成一份日报。这样我们就不需要再手动输入每一条工作记录，只需提供关键信息，然后交由 ChatGPT 自动整理即可。这种方式能够大大减少整理日报所要花费的时间和精力。

确定好目标之后，接下来就是编写提示词了。再来回顾一下我们的提示词公式：

提示词 = 定义角色 + 背景信息 + 任务目标 + 输出要求

按照这个公式，ChatGPT 所要扮演的角色就是我们的日报助手，你要给它提供一些背景信息，比如你的职责、你做的事情等。然后是任务目标，这里的目标当然就是让 ChatGPT 整理日报。最后是格式要求，你可以要求它按你提供的日报格式进行整理。下面是一个例子。

你来扮演我的日报助手，负责把我的日报整理得更加通顺。我是一个销售经理，负责整个公司的销售工作。我会把我今天做的事情发给你，请按照下面几个模块把我的工作整理成日报：已完成的工作、未完成的工作、需要的帮助和待办事项。听懂请回复“明白”，之后，我会给你发送我做的事情。

明白，请发送您今天的工作内容，我会按照您的要求整理成日报。

在这个例子里，ChatGPT 的角色是一个日报助手。背景是你是一个销售经理，负责公司的销售工作。任务目标是让 ChatGPT 整理日报，然后还附带了格式要求，即整理成几个不同的模块。

这里我们并没有将所做的工作一起发给 ChatGPT，而是选择在下一条内容中发送。这样做的好处是，我们设定好这个 ChatGPT 的角色之后，后面可以反复利用它。当然，将工作内容一起发给 ChatGPT 也是没有任何问题的。

有了上述基础设定，你就可以把今天做的所有事情发给 ChatGPT 了。

上午和几位潜在客户电话联系，推销新产品，两位客户有再谈意向。回复了几封客户邮件，解决订单问题。和产品部开会讨论新产品营销方案，需要产品部后续给出产品改进方向，我会继续跟进。下午和市场部制定了两个大客户营销方案，涉及报价、服务、合作期限等，准备下周谈判。

发现西区中有两个地区销售额下降，需要和区域总监讨论对策并制定解决方案。和几个伙伴公司的销售人员联络，看看如何合作开发新客户，扩大市场。

以下是您今天的日报。

已完成的工作：

- 上午和几位潜在客户电话联系，推销新产品，两位客户有再谈意向；
- 回复了几封客户邮件，解决订单问题；

- 和市场部一起制定了两个大客户营销方案，准备下周谈判；
- 和几个伙伴公司的销售人员联络，探讨如何合作开发新客户，扩大市场。

未完成的工作：

- 需要产品部后续给出产品改进方向，我会继续跟进。

需要的帮助：

- 目前没有需要的帮助。

待办事项：

- 发现西区中有两个地区销售额下降，需要和区域总监讨论对策并制定解决方案。

请您核对以上内容，如有问题请及时指出。

可以看到，在这个例子里，我们给 ChatGPT 提供的是一个随意的记录，而经 ChatGPT 整理后，日报格式清晰，很容易阅读。

但不要忘记，使用 ChatGPT 的最后一步是根据生成的结果进行调整。毕竟日报是相对正式的文件，我们需要再看一下生成的结果，确保准确无误。另外，通常 ChatGPT 生成的内容是比较生硬的，因此我们需要加入一些具有自己特点的内容，例如，对于未完成的部分，我们可以说“整体的大方向已经确认，产品部会进一步完善”之类的话。

二、获取新知识

在现实生活中，我们总会遇到新的东西，因此就需要不断地进行学习。我们可以通过看书、上课、听讲座、浏览网页等各种方法来获取新知识。但是，大多数情况下，我们并不是想成为某一方面的专家，而只是希望可以快速地对某些新知识有一个概括性的了解。在这种情况下，如果完整地阅读一本书或上一门课，就显得成本很高了。而如果是通过阅读网页进行学习，那么往往也要看是否能够碰到合适的内容，因为通常我们需要阅读大量网页才能拼凑出新知识的概貌。这时候，我们就可以利用 ChatGPT 来获取新知识。

ChatGPT 拥有丰富的知识，在我们的日常生活中它可以充当以下角色。

- **一位知识渊博的老师**。当我们针对“什么是人工智能？”“机器学习和深度学习有什么区别？”“量子计算机是如何工作的？”等问题向 ChatGPT 提问时，它会快速地为我们提供相关答案。
- **一本百科全书**。当我们针对“印度的历史和文化”“人类的进化过程”“量子力学的基本原理”等主题向 ChatGPT 提问时，它会为我们提供与该主题有关的详细信息，以帮助我们了解该主题的方方面面。
- **一个学习工具**。当我们针对“什么是 HTML？”“JavaScript 是干什么用的？”等简单问题向 ChatGPT 提问时，它会为我们提供简单易懂的答案，以帮助我们理解这些基础知识。
- **一位交流伙伴**。当我们针对“请给我推荐一些经典电影”“你喜欢听哪些音乐？”等有趣的内容向 ChatGPT 提问时，它会为我们做电影和音乐推荐，以帮助我们了解相关娱乐信息。

即便很直白地问 ChatGPT 一些问题，它也可以给我们做出回复。不过，要想更有效地获取信息，还需进一步对提示词进行优化。

例如，我在浏览信息的时候，看到有人在说量子计算机如何强大，我对此感到好奇，这时我就可以让 ChatGPT 帮我解释一下量子计算机的特点。下面是我向 ChatGPT 询问的过程。

你来扮演一个科普达人，给我介绍一下量子计算机。我对普通计算机有着不错的理解，现在想知道量子计算机和普通计算机有什么差异。请用表格的形式将差异点罗列出来。

好的，以下是普通计算机和量子计算机在硬件上的主要区别。

区别	普通计算机	量子计算机
处理方式	基于二进制位的状态（0 或 1）	基于量子比特的状态（0、1 或叠加态）
存储方式	存储器采用晶体管或磁道存储	量子比特通过量子纠缠进行存储
运算速度	较慢	非常快
并行计算	有	更多
对大规模数据的处理	有	更好
可逆计算（倒推）	可能	可能
错误校正 / 容错性	容易	困难
算法适用性	适用于经典算法	适用于量子算法
硬件成本	低廉	昂贵

需要注意的是，这只是普通计算机和量子计算机在硬件方面的一些主要区别，二者在软件开发、编程模型等其他方面的差异并不包含在内。

在这里，按照提示词公式，我先给 ChatGPT 定义角色，因为我只是想做初步的了解，所以让它扮演了一个科普达人的角色。接下来，我要给它一些背景信息，我告诉 ChatGPT 我对普通计算机有着不错的理解，这就意味着不需要它给我解释得特别简单。我希望知道量子计算机和普通计算机究竟有什么差异，这是我的目标。最后是输出要求，我希望以表格的形式输出，因为表格的形式一目了然，非常便于抓住重点。

当然，在实际操作时，通常我还会在 ChatGPT 给我的回复中发现更多我希望了解的内容，进而提出更多的问题。

三、头脑风暴

在实际工作或生活中，我们经常需要产生新的想法，无论是给产品起名字，还是策划一场活动。如果仅仅依靠一个人苦思冥想，那么往往会是一个非常痛苦的过程。在这种需要产生想法的场景中，头脑风暴是我们常常采用的一种方法，它可以在很短的时间内激发出大量的想法和概念，从而帮助我们找到更好的解决方案。

通常头脑风暴需要许多人参与，因为人们有不同的想法和观点，可以从多个角度出发思考问题，从而产生更多的创意。同时，为了让头脑风暴产生更好的效果，还要讲究方法，比如参与头脑风暴的人最好具有不同的背景、在头脑风暴的过程中要尽量听取不同的声音等。关于如何进行头脑风暴，可以参考市面上的相关著作。

但是，有时候我们无法聚集足够多的人，或者需要在较短的时间内快速产生创意，这时候就可以考虑借助 ChatGPT 来进行头脑风暴。

下面是一个具体的例子。我打算给一款 App 起名字，但是没有一个特别好的想法，所以，我需要一个头脑风暴的过程。于是我借助 ChatGPT 实施了这一过程。

> 你来扮演我的广告创意人，我做了一款 App，用来收集 AI 资讯，其主要面向高知群体，能够给他们提供一个获取信息以及进行交流的平台，希望你能帮我进行一次头脑风暴，给这款 App 起一个中文名字并设计一句用来宣传的口号，要求名字里面不能有 AI 的字样。请用表格输出名字、口号，以及名字的解释。

名字	口号	名字解释
知慧	了解世界，掌握未来	希望用户通过这款 App 可以获取更多的知识和信息，成为具有智慧的人
途思	用心聆听，用思维开拓未来	这个名字意为“思考的路程”，希望用户通过这款 App 可以探索更多未知的领域
见智	发现价值，见识未来	这个名字暗示用户通过这款 App 可以发现更多有价值的信息，拥有更多的智慧
智联	连接世界的智慧	这个名字意为“连接智慧”，希望用户可以通过这款 App 与其他具有智慧的人交流和分享
学界	学无止境，界定未来	这个名字暗示用户可以在这款 App 中不断学习和探索，成为未来的领袖

以上是几个可能的中文名字、对应的口号及名字解释，希望能够为您带来启发。

这里我让 ChatGPT 扮演了一个广告创意人的角色，然后我向它说明了我做的这款 App 是什么样子，这是背景。接下来，我让它用表格的形式给我输出了几个名字、口号以及名字的解释。如你所见，ChatGPT 很好地完成了任务。

这几个名字本身并不见得是我满意的，但是，从头脑风暴的角度来说，这是一个很好的起点，我们可以由此获得启发，更好地进入下一步的思考中。

本章小结

本章首先介绍了 ChatGPT 的总体特点：知识丰富、知人晓事、知错就改、知法守法，以及其会话的特点：一话一世界和连续对话，这让我们对 ChatGPT 有了一个整体的认识。然后本章介绍了用好 ChatGPT 的工作流程：定义目标→下达命令→根据生成的结果进行调整。最后本章介绍了一个提示词公式：提示词 = 定义角色 + 背景信息 + 任务目标 + 输出要求。

如果了解一下其他一些关于 ChatGPT 使用的内容，你会看到大量其他人组织好的提示词。当有了前面的基础之后，你会发现，大部分提示词符合我们的公式，它们只不过是在各自具体场景中的一个应用。如果你有兴趣，不妨学习一下，这里推荐阅读《ChatGPT 中文调教指南》。

从普通人的角度来说，了解到这些内容已经可以让你超越大部分人了。但是如果你希望再前进一步，那么可以了解一下提示词工程（prompt engineering），这个概念早在 ChatGPT 出现之前就已经出现了。提示词工程原本是 AI 技术圈内的一个术语，其目的就是让 AI 模型给出更好的输出。它正好与如何用好 ChatGPT 在方向上一致，因此了解提示词工程可以让我们使用 ChatGPT 的能力再上一个台阶。

有了对于这些内容的理解，你便具备了用好 ChatGPT 的前提条件，ChatGPT 在你的手中也从原本的玩具变成了效率提升的工具。不过，无论学习了什么样的知识，这些内容都是别人的，你只有亲身实践，不断地尝试，才能真正掌握唤醒 AIGC 能力的“魔法”。

第4章

用AI助理处理文字

04

第 1 节 用 ChatGPT 进行文字处理

前面我们说过，ChatGPT 的根基是大语言模型，而大语言模型最擅长做的就是对文字进行处理。所以，把 ChatGPT 应用在文字处理中是一个自然而然的想法。事实上，ChatGPT 在这方面做得很好。

在基本的文字处理上，ChatGPT 可以帮我们做如下工作。

- **内容扩写**：把一段短的内容扩展成一段长的内容。
- **内容摘要**：根据一段长的内容写出其要点。
- **文字润色**：把一段文字按要求写成另外一种风格。

不仅如此，如果要进行文字创作，那么 ChatGPT 还可以给我们提供如下帮助。

- **头脑风暴**：根据一个主题，罗列相关的角度，帮我们找到写作的切入点。
- **提供例子**：根据要论证的内容，帮我们找到论证用的例子。
- **内容写作**：根据我们提供的大纲进行内容创作。

ChatGPT 也很擅长进行诸如电子邮件、公告、日报之类的格式化文本的创作，只要给它提供足够的背景信息，它就能帮我们进行创作。前面在讲 ChatGPT 基本用法时，我们对此进行过介绍。本章我们会把注意力放在文字处理本身。

下面来看看如何利用 ChatGPT 进行文字处理。

一、扩写文字

我们在写一段文字时，常常会遇到这样的情况，即主要的意思已经表达出来了，但这段文字读起来不够饱满，我们希望增加一些详细的描述，以让文字更加生动。这时就可以借助 ChatGPT 的语言生成能力来扩写文字。

你只需将要扩写的文字段落输入到 ChatGPT 中即可。ChatGPT 会基于其训练的大量语料库生成一段与输入文字相关的新文字。这些新文字可能会包含更多的细节和信息，从而使原始段落更加充实。

举个例子，你正在写一篇有关夏天的文章，但是感觉对涉及花园的段落描述得不够详细，你可以将这段文字输入到 ChatGPT 中。

扩写下面的内容：夏天的花园中各种颜色的花朵开放着……

夏天的花园是一个充满生机和活力的地方，各种形状和颜色的花朵争相开放，像是在诉说着大自然的奇妙之美。从远处看去，花园里的花朵犹如一幅缤纷的画卷，令人目不暇接。红色的玫瑰绽放在阳光下，显得格外鲜艳美丽；紫色的薰衣草散发着淡淡的芳香，让人感到一阵清新的凉意；白色的郁金香柔和而娇媚，宛如一位含羞的少女。不同颜色和形状的花朵相互辉映，共同构成了一幅绝美的画面。这些花朵的绽放，不仅令夏天更加美好，也让人感受到了生命的生机和美好。

在这个例子里，我们通过提示词告诉 ChatGPT 扩写我们的内容。扩写之后的文字包含了有关花园的更多细节，让读者可以更好地想象花园中的景象。

如果你对扩写有更多的要求，也可以在提示词里提出来，ChatGPT 会根据你的要求生成相应的内容。在实际应用中，ChatGPT 的扩写能力可以帮助我们在写作、文本编辑等场景中更加快速地生成内容，提升工作效率。当然，这里要提醒一下，对于 ChatGPT 生成的文字，我们还需谨慎使用，避免出现内容不当或不准确的情况。

二、内容摘要

有时候，我们需要阅读一篇长篇文章，但如果是在时间比较紧迫的情况下，则可以只了解其主要内容和要点。我们知道，作者在写文章时，为了读者阅读方便以及文章本身的行文流畅，往往会加入很多过渡的内容，但有时候这些内容并不会产生更多的信息。所以，我们完全可以使用 ChatGPT 总结内容摘要，提取作者的核心观点，这样就会大幅提升获取信息的效率。

我们可以将整篇文章输入到 ChatGPT 中，然后要求模型输出一个包含主要信息的简洁版本。这个过程类似于一个人在阅读整篇文章后，试图在脑海中提炼出最重要的内容。ChatGPT 会使用其算法对文章进行分析和理解，并将最重要的信息提炼出来。最后模型会输出一个简短且易于理解的摘要，其中包含文章的关键信息和要点。

下面是我在阅读一篇文章时，让 ChatGPT 将文章的重点总结出来的一个例子。

把下面内容中最重要的 3 点用列表的方式总结出来。

我们为什么要读书？读书难道不是为了学习吗？这是书给很多人由来已久的印象，也是书变得沉重的重要原因，但其实，这只是读书的目的之一。读书还有一个目的，就是获取信息。通过读书，我要知道一些之前不知道的事情。

获取信息的方式有很多，过去我们是通过看报纸获取信息，现在则更多采用上网的方式。可能有人会觉得把读书和看报纸、上网同样归入获取信息的行列，貌似显得对读书有些不敬。

其实，我们可以换一种更能令人接受的说法来描述。很多时候，读书并不是真正为了学以致用，而只是为了增长见识，算是一种无用之用。相比于在网上读到的那些零碎文章，书的体系性更加完整，对获取信息而言，这是一种更有效的方式。

既然把读书划分为学习和获取信息这两种目的，那么在面对不同的书时，我们当然可以采取不同的态度。如果打算通过读书来学习，那么我们就需要调用大脑中的能量去消化和理解书中的内容，让它成为自己的一部分。如果只是打算通过读书获取一些信息，那么我们在读书的态度上就可以更加松弛。

在网上浏览新闻时，你会强迫自己记住所有内容吗？当然不会。但你会知道一些事情吗？会。哪些事情最终会在你的脑海中留下深刻的印象呢？要么是刚刚看过的，要么是多次看到的。

如果读书是为了获取信息，那么我们完全可以秉承一种看新闻的态度，浏览就好，而不必强求自己记住多少内容。只要接触的信息量足够大，总会有一些信息留在你的脑海中。对成年人来说，没有了学习的压力，读书完全可以由好奇心驱动，多知道一点儿事情，就能多一分对世界的理解。

对很多人来说，如果读书不获得点儿什么，那么心理上很难说得过去。但以这种浏览的方式读书，会有收获吗？

- 读书不仅是为了学习，还包括获取信息。
- 获取信息是一种无用之用，但是对于增长见识和了解世界很有帮助。
- 对于不同目的的阅读，需要采取不同的态度。如果只是为了获取信息，那么可以采取看新闻的态度，浏览就好，不必强求自己记住多少内容。

通过 ChatGPT 的总结，我们可以在很短的时间内了解这篇文章的主要内容和要点，而无须阅读全文。使用 ChatGPT 总结内容摘要可以大大提升阅读效率，尤其是在处理大量信息时，这种方式可以让人们更加便捷地获取所需信息。

不过，有一点需要注意，由于 ChatGPT 处理文字内容是有上限的，因此如果一篇文章特别长，那么我们可能不得不将文字做一个分解，一段一段地输入到 ChatGPT 中。

三、文字润色

在进行文字创作时，通常情况下，我们会重点关注内容本身，文字表达则是次一级的关注点。所以，每当写完内容时，我们会再次回到内容本身，对文字进行润色。文字润色是一种优化和改进文本内容的过程，它可以使文本更加准确、清晰、流畅和易于理解。对写作、翻译、编辑等领域的专业人士乃至普通人来说，文字润色都是非常重要的，因为它可以提高文章的可读性，有助于吸引更多的读者并传达更准确的信息。

ChatGPT 也很擅长对文字进行润色。使用 ChatGPT 进行文字润色非常简单，只需将文本输入到 ChatGPT 中，提出你的要求即可，ChatGPT 将根据要求生成改进后的文本，帮助你完善和改进文本内容。此外，ChatGPT 还可以根据上下文信息提供更加恰当的单词和短语，以使文本更加简洁和精练。

例如，你在写一篇关于旅游的文章，你想让 ChatGPT 帮忙润色一下，以使该文章更简洁一些。

润色一下下面的内容，让这段文字更加简洁、流畅。

在这个城市里，有很多有趣的景点和美丽的风景，比如历史博物馆、艺术画廊、自然公园等。如果你想了解这个城市的历史和文化，可以去博物馆和画廊。如果你想享受大自然的美景，可以去公园。

这个城市有许多有趣的景点和美景，比如历史博物馆、艺术画廊、自然公园等。若想了解城市的历史文化，可以去博物馆和画廊；若想欣赏大自然的美景，去公园即可。

通过 ChatGPT 进行文字润色后，整个文本变得更加准确、流畅和简洁，更能吸引读者的眼球，让人更容易理解和接受文本中的信息。

当然，我们也可以让文字具有一些风格。仍以刚才那段文字为例，我们想让这段文字具有鲁迅的风格。

润色一下下面的内容，让这段文字具有鲁迅的风格。

在这个城市里，有很多有趣的景点和美丽的风景，比如历史博物馆、艺术画廊、自然公园等。如果你想了解这个城市的历史和文化，可以去博物馆和画廊。如果你想享受大自然的美景，可以去公园。

在此城池中，有诸多有趣之胜地与秀丽之景，比如历史博物馆、艺术画廊、自然公园等。倘若欲解此城之历史文化，可往博物馆与画廊一游；而若欲畅游大自然之美，可往公园一游。

我们甚至可以让 ChatGPT 用古文的风格进行润色，这里还是以刚才那段文字为例。

用古文的风格润色一下下面的内容。

在这个城市里，有很多有趣的景点和美丽的风景，比如历史博物馆、艺术画廊、自然公园等。如果你想了解这个城市的历史和文化，可以去博物馆和画廊。如果你想享受大自然的美景，可以去公园。

斯城中，胜境多端，古博物馆、艺术画廊、自然公园等，各尽其美。欲识斯城之古今文化，可往博物馆、艺术画廊等古迹之地；欲识斯城之自然之胜，可于公园之间悠游。

由此可见，ChatGPT 熟悉的风格还是很多的，所以，使用 ChatGPT 进行文字润色非常有意义，它不仅可以帮助人们优化和改进文本内容，还可以提高文章的可读性和影响力。同时，使用 ChatGPT 进行文字润色还可以为人们提供更多的写作灵感和想法，让文本内容更加生动、鲜活。

四、头脑风暴

在文字创作的过程中，很多时候需要进行头脑风暴。例如，有时候我们需要先确定一个主题，然后再围绕主题来构建大纲，而构建大纲时往往就需要一个头脑风暴的过程，把相关的内容罗列出来，以形成一个完整的构思框架。这个过程对创作来说至关重要，因为构思的质量直接决定了文章的质量，而 ChatGPT 可以在这个过程中起到很好的辅助作用。

举个例子，我要写一篇关于旅游的文章，主题是“旅游的好处”，那么在构建大纲的过程中，我就可以使用 ChatGPT 输入“旅游的好处”这个主题，然后得到大量的相关内容，比如旅游可以放松身心、增强身体素质、拓展眼界、增进交际等，这些内容可以极大地帮助我拓展思路，从而构建出更加完整和丰富的大纲。

我打算写一篇关于旅游的文章，请帮我罗列一些旅游的好处，尤其是在一个人的成长过程中提供的帮助。

当然，旅游有很多好处，尤其是在一个人的成长过程中可以提供很多帮助，同时旅游对一个人的成长也具有启发作用。以下是一些旅游的好处，供您参考。

- **拓宽视野**。旅游可以让人们开拓视野，了解各种文化和生活方式，加强对多元文化的理解。
- **探索未知**。旅游可以激发人们对未知事物的好奇心，并让人们探索新的地方，体验新的文化和生活方式。
- **增强自信**。旅游可以让人们独立思考和决策，培养解决问题的能力，从而增强自信。
- **学习历史**。旅游可以让人们深入了解历史和文化遗产，进而了解不同国家和地区的发展历程和历史背景。
- **增强社交技能**。旅游可以让人们与不同背景、文化及语言的人接触和交流，提高人际交往能力。
- **培养创造力**。旅游可以激发人们的创造力和想象力，启发创新思维和创意产生。
- **改善身心健康**。旅游可以帮助人们放松身心，减轻压力，增强身体素质。
- **接触大自然**。旅游不仅可以让人们接触大自然、欣赏自然美景，还可以激发人们对环保和可持续发展的意识。
- **增强适应能力**。旅游可以让人们面对不同环境和挑战，增强适应能力和应变能力。

这些只是旅游能为我们带来的一部分好处，而每个人的旅游经历都有会独特的收获。通过旅游，人们可以学习新的技能和知识，从而提高个人素质，促进个人成长。

有了这个头脑风暴的结果后，我们需要根据自身所需进行选择。如果你认为某个角度很好，那么就可以根据这个角度继续进行创作。当然，如果你觉得某个角度不错，但还需进行深入的讨论，则可以进一步展开这个角度，让 ChatGPT 就这个角度继续进行头脑风暴，生成更多的内容。例如，在前面的例子里，如果你觉得探索未知不错，那么可以让 ChatGPT 就这个角度进一步展开，如怎样通过旅游探索未知。就这样，我们可以围绕着一个话题不断地展开，这显然比你自己闷着头去想要好得多。

五、提供例子

在文字创作过程中，还有一个常见场景是需要提供一些具体的例子来支持我们的观点或说明。然而，找到合适的例子常常是一个让人头疼的问题。好在有了 ChatGPT 之后，我们只需描述需要的特定情境或场景，它就能为我们提供相关的例子。

通过与 ChatGPT 进行互动，我们可以迅速获取与创作主题相关的丰富例子，这大大提升了我们撰写文章时的效率和准确性。有了 ChatGPT 的帮助，我们可以更加专注于创作和表达自己的观点。这样，不仅我们的文章更具说服力，我们还为读者提供了更具体、实际的例子来支持我们的主张。

举个例子，我正在写一篇关于如何使用 ChatGPT 的文章，需要一些在实际工作中运用 ChatGPT 提升工作效率的例子，于是我请教 ChatGPT 给我提供一些思路和例子。下面是我对所关注的具体情境的描述。

我正在写一篇关于如何使用 ChatGPT 的文章，需要一些在实际工作中运用 ChatGPT 提升工作效率的例子，请你帮我举 5 个例子。

当使用 ChatGPT 进行工作时，有许多实际应用可以提升工作效率。以下是 5 个例子。

- **智能客服。** ChatGPT 可用于构建智能客服系统，自动回答常见问题、处理用户咨询和提供支持。这样可以减轻人工客服的负担，提高响应速度和服务质量。

- **文档生成和编辑**。ChatGPT 可用于生成和编辑各种文档，比如报告、合同、电子邮件等。通过向 ChatGPT 提供相关信息和指导，可以快速生成符合要求的文档，并提升写作效率。
- **数据分析和解释**。ChatGPT 可以协助数据分析师处理和解释数据。通过与 ChatGPT 进行对话，数据分析师可以获得有关数据的洞察和解释，加快分析过程，并提高数据理解的准确性。
- **创意和头脑风暴**。ChatGPT 可以参与创意和头脑风暴会议，为团队提供新的想法和观点。通过与 ChatGPT 进行对话，可以激发团队创意，生成新的解决方案。
- **多语言翻译**。ChatGPT 可用于实时多语言翻译。在跨语言交流或处理多语言文档时，ChatGPT 可以提供快速准确的翻译，以方便沟通和理解。

这些例子展示了 ChatGPT 在不同领域的实际应用。通过与 ChatGPT 进行交互，人们的工作效率提升了，工作流程也变得更加智能化和高效化。然而，在使用 ChatGPT 时，我们也要注意其局限性，同时要结合人工智能工具与人类智慧的优势，以取得最佳效果。

通过与 ChatGPT 进行互动，我们能够迅速获取多个例子。然而，作为创作者，我们需要根据自己创作的内容来判断这些例子是否准确且适用。如果发现某些例子不太合适，我们可以继续与 ChatGPT 进行互动，让它为我们生成更多的例子。这样，我们就可以选择最符合我们创作需求的例子，并将其作为作品中的支持和论证。有了这些例子作为基础，我们就可以将注意力始终保持在对主题内容的表达上，这不仅有助于创作出更好的作品，也是对效率的提升。

六、内容写作

在文字创作的过程中，最重要的部分是真正的内容写作。作为一个大语言模型，ChatGPT 显然是可以帮助我们直接进行写作的。不过，如果不加限制地让 ChatGPT 进行写作，那么其生成的内容必然质量不高，因为它无法真正理解我们要创作的主题和想要表达的内容。所以，更好的做法是让 ChatGPT 根据我们的要求进行写作。

让 ChatGPT 根据我们的要求进行写作的一种方式是给它提供内容大纲，让它按内容大纲来写。这种方式既可以有效地利用 ChatGPT 的写作能力，也可以保持我们对内容的控制。我们可以根据需要对 ChatGPT 生成的内容进行审查和修改，确保它们符合我们的意图和写作风格。这种合作模式充分发挥了 ChatGPT 作为一个强大创意助手的优势，可以使我们的写作过程更加高效、灵活且可定制。

举个例子，当我在写一篇文章讨论为什么很多人读书量不多时，我先写了一个大纲，让 ChatGPT 围绕这个大纲进行内容写作。

根据下面的大纲写一段 300 字左右的文章。

- 读书是一件有价值的事，但大多数人读书量并不多。
- 除了以时间少为理由，很多人其实对读书这件事本身的认知是有问题的。
- 读书在这些人心目中是一件很神圣的事情。
- 要想多读书，先要减轻读书的神圣感。

读书是一项极具价值的活动，然而，大多数人的读书量并不算多。除了以时间不足为理由，很多人其实对读书这件事本身的认知就存在问题。在这些人心目中，读书被视为一件极其神圣的事情，需要庄严对待和特殊的仪式感。

这种对读书的神圣感可能源于过去的文化传统和社会期待。过去，读书被视为高尚、充满智慧和学识的象征。人们将读书视为一种修身养性、提升境界的手段，甚至将其与精神追求和道德行为画等号。因此，很多人在面对读书这件事时会感到沉重的压力，觉得必须精挑细选每一本书，全神贯注地阅读，以符合那种庄严和神圣的期待。

然而，这种神圣感对多读书来说是一种阻碍。当我们把读书看得太过庄重和严肃时，可能会给自己施加过多的压力，导致读书变得沉重和无趣。在这种心态下，阅读就成了一项任务，甚至是一项需要完成的义务，而非一种愉悦的享受和对知识的探索。

要想多读书，就要减轻读书的神圣感，将其还原为一种自由、轻松的活动。我们可以放下那种过于严肃的期待，不必对每一本书都斤斤计较；我们可以从阅读中找到乐趣，从而培养一种轻松而自由的阅读态度；我们可以选择那些真正能够引起兴趣和好奇心的书，而不必拘泥于名著和经典，同时，我们也可以选择一些轻松有趣的读物。

通过减轻读书的神圣感，我们可以摆脱压力和束缚，享受阅读的乐趣，并逐渐培养起持续读书的习惯。读书不应成为一种负担，而是一种自由探索和进行知识积累的方式。只有在这样的心态下，我们才能更加自在地拓展阅读范围，体验到更广泛的思想碰撞和人生启发。因此，让我们抛开过度庄重的观念，轻装上阵，尽情享受读书的快乐吧！

可以看到，因为有了大纲的限制，所以 ChatGPT 写作的内容基本上都是围绕这个大纲进行的。从我这个创作者的角度看，它甚至超出了我的预期。有了 ChatGPT 生成的内容，接下来，就轮到我们登场了，我们还需要对这些内容进行调整。

需要注意的是，尽管 ChatGPT 可以在写作过程中提供帮助，但作为创作者，我们仍然需要保持主动性和判断力。我们应该审慎选择 ChatGPT 生成的内容，并将其与自己的知识、经验和风格相结合，以塑造出独特而高质量的作品。作为一个工具，ChatGPT 可以为我们提供灵感、提升效率，但最终的创作责任仍然在我们自己身上。

另外，有一点需要强调一下。正如你在例子里面看到的，我们在写作时对文本的字数做了限制。一方面，ChatGPT 本身生成的内容会有一个最多字数的限制；另一方面，如果让 ChatGPT 写作的内容过多，那它就有可能发散了，并不一定能够达到预期的效果。所以，在实践中，为了保证内容可控，建议对一次性生成的字数进行限制。

第 2 节 专业 AI 写作工具

前面所讲内容都是围绕 ChatGPT 进行的，这当然与 ChatGPT 自身强大的能力有关系。但说到 AI 辅助文字处理，除了 ChatGPT，还有很多工具可以在实际的工作中给予我们帮助，甚至在一些具体的场景中，它们比 ChatGPT 要更好用。接下来，本节会再介绍两款能够帮助我们进行文字处理的 AI 工具——Notion AI 和飞书智能伙伴。

一、Notion AI

Notion AI 是一款基于人工智能的专业写作工具，具有生成内容和修改内容的功能，可以运用在文学、会议计划、新闻稿、销售文案等内容的辅助创作中。

在“在线文档”领域，Notion AI 与 AIGC 技术完美结合，为用户提供了一种无须在文档和 AI 应用之间频繁切换的一站式智能解决方案，满足了各类文档的写作需求。借助这一工具，用户可以轻松完成各类内容的创作和编辑，实现高效、便捷的文本处理体验。

使用 ChatGPT 进行文字处理时，我们需要在 ChatGPT 与使用的写作软件之间频繁切换，这时 AI 是我们的一个外力工具。而使用 Notion AI 时，我们的一切都是围绕写作本身进行的，不需要离开写作环境，因此可以更好地专注于写作本身，当我们需要 AI 时，可以唤起它的辅助功能，这时它更像一个随时随地可以给予我们帮助的助手。

接下来，我们来看看如何使用 Notion AI 进行内容创作。

1. 注册 Notion AI

首先需要注册 Notion AI。进入 Notion AI 的官方网站即可进行注册，如图 4-1 所示。

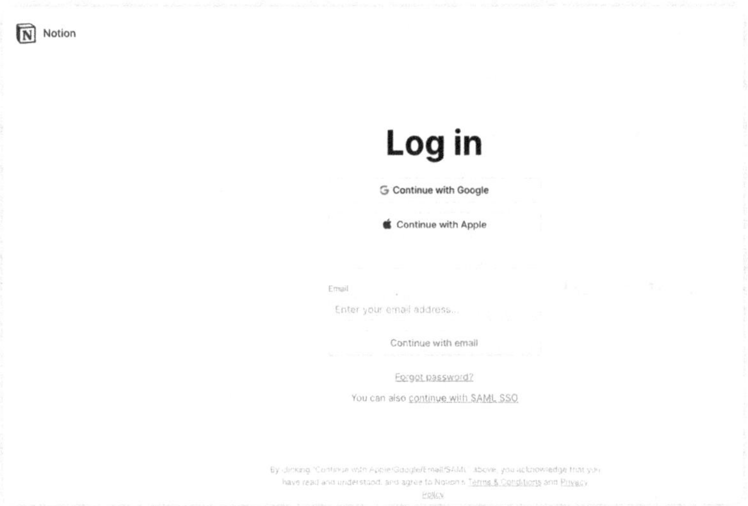

图 4-1　Notion AI 官方网站界面

你既可以用谷歌账号和苹果账号直接登录，也可以用邮箱完成注册。在“Email”（电子邮件）处填写邮箱地址，点击“Continue with email”（继续发送电子邮件），你的邮箱会收到一封验证码邮件，填入验证码后即可进入图 4-2 所示的登录界面，在这里你可以填写你的名字和登录密码。

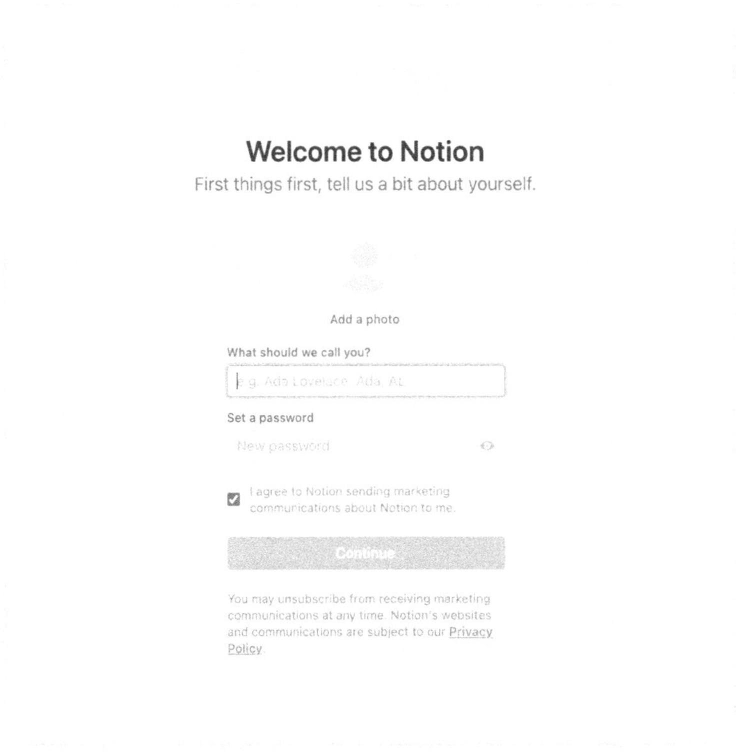

图 4-2　Notion AI 登录界面

完成以上设置后，如图 4-3 所示，你会进入选择使用场景界面，分别是“For my team”（团队使用）、“For personal use”（个人使用）和“For school”（学校使用），如果没有特殊需求，选择“For personal use”就可以。

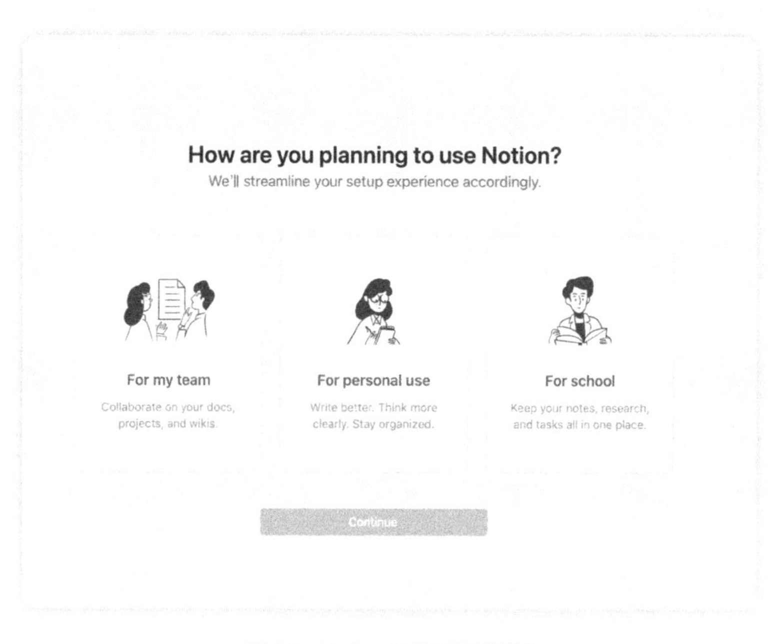

图 4-3　Notion AI 使用场景界面

2. 从大纲到内容

在 Notion AI 中，我们可以点击左侧的“+”（加号）新建一篇文档，如图 4-4 所示。

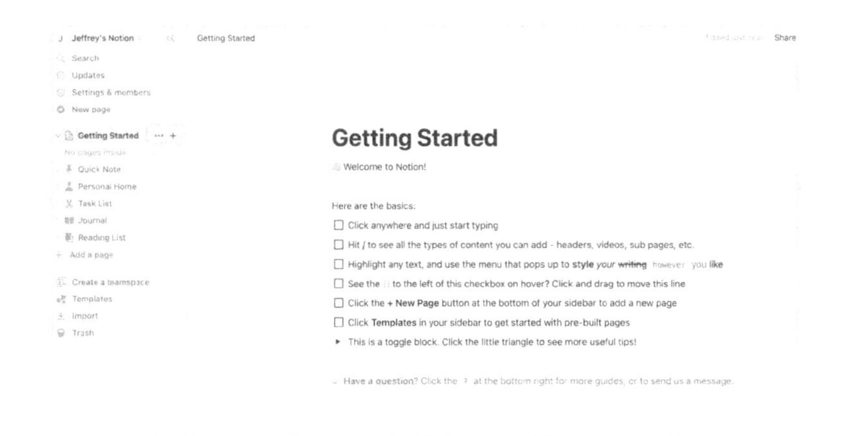

图 4-4　使用 Notion AI 创建文档

如图 4-5 所示，接下来我们会进入文档的编辑界面，输入标题并开始创作。

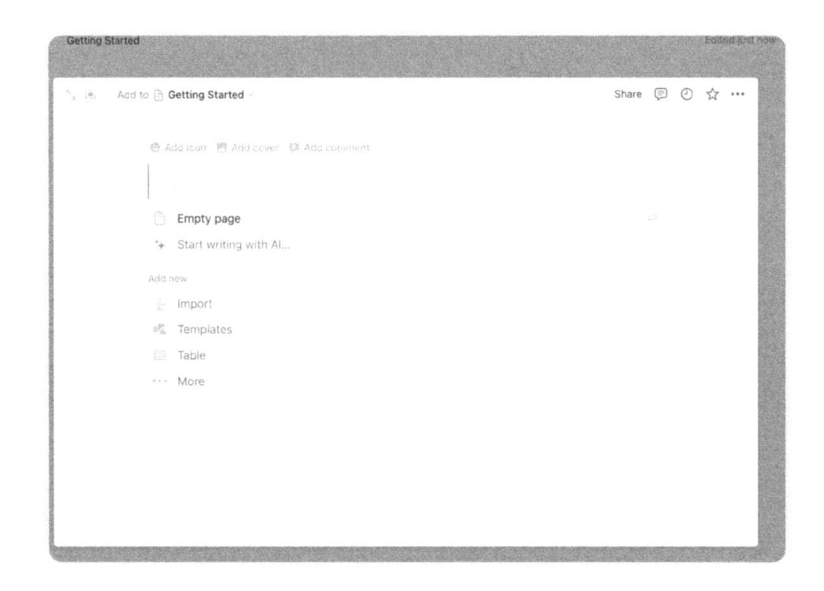

图 4-5　Notion AI 文档编辑界面

在通常的内容创作过程中，我们会选定一个主题，然后围绕该主题创建一个大纲。如图 4-6 所示，在 Notion AI 中，当我们在一个文档中给出文章标题之后，在正文处敲击空格唤起 AI 助手时会出现对话框，你可以在此输入指令。在对话框的预置选项中会有一些快捷的功能，比如“Continue writing”（继续写作）、“Summarize”（总结）、“Find action items”（要点列举）、“Translate”（翻译）、“Explain this”（解释）、“Improve writing”（润色改写）等。

图 4-6　Notion AI 唤起 AI

当我们在一个文档中给出了文章标题之后，在对话框中输入“写大纲”，Notion AI 可以直接根据输入的标题，生成一个文章大纲，如图 4-7 所示。

旅游的意义大纲

1. 介绍旅游的定义和背景
2. 探讨旅游对个人的意义
    - 放松和休闲
    - 开阔眼界和增长见识
    - 体验新文化和风景
    - 增强人际交往和社交能力
3. 分析旅游对社会的影响
    - 经济发展和就业机会
    - 文化交流和多元化
    - 环境保护和可持续发展
4. 总结旅游的综合意义和重要性

以上为旅游的意义大纲。

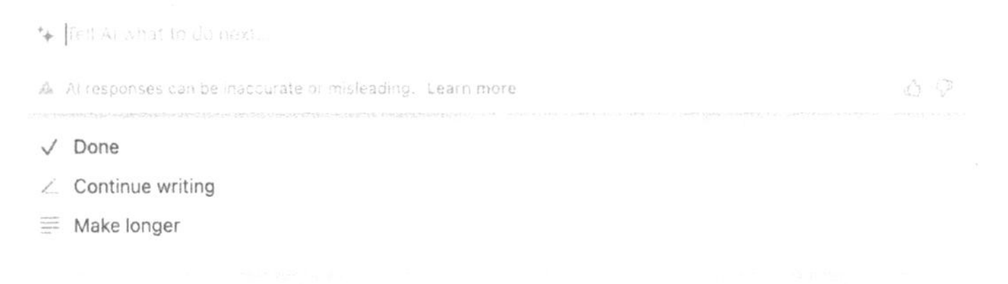

图 4-7　Notion AI 文章大纲生成界面

正如在讨论 AI 生成内容时我们所做的那样，大纲生成之后，还需要再看一下，对于不合适的地方，要根据需求进行调整。

有了大纲之后，接下来就可以根据大纲进行写作了。在这个部分，我们甚至也可以让 Notion AI 帮忙。如图 4-8 所示，选中任何一个要点，出现唤起 AI 的按钮后输入你的指令，完成每一节的内容创作。

图 4-8 Notion AI 根据选中的要点进行内容创作

在 Notion AI 进行内容创作的过程中，我们可以根据自身需要，选择让它生成的内容长一些或是短一些。同样，对于生成的内容，我们也要进行调整，确保内容正确且符合主题。

至此，我们已经粗略地了解了 Notion AI 最简单的用法。不过，在实际的工作中，我们并不会直接拿着 AI 生成的内容进行交付，而是会在一段具体的内容上进行我们的工作。所以，接下来我们来看看如何用 Notion AI 完成日常工作。

3. 其他功能

本章前面提到的诸如文字扩写、文字润色之类的工作，都可以借助 Notion AI 轻松完成，甚至都不用我们写提示词，只要选中需要调整的内容，就会出现菜单，我们要做的是根据需要选择相应的选项，如图 4-9 所示。

图 4-9 Notion AI 的其他功能

以下是对图 4-9 中出现的 Notion AI 的一些其他功能的简要解释。

- Improve writing：重新改写，润色原文。
- Fix spelling & grammar：修改语法。
- Make shorter：缩写，让原文篇幅更短。

- Make longer：扩写，让原文篇幅更长。
- Change tone：改编语言风格。

如图 4-10 所示，当我们选择了“Make longer”选项时，Notion AI 就会对我们选中的内容进行扩写。如果对扩写后的内容比较满意，就可以点击“Replace selection”（替换选中部分），用这段新的内容替换原有的内容，而如果选择“Insert below”（插入下方），就会把这段新的内容插入到原有内容的后面。如果对生成的内容不满意，那么也可以选择“Try again”（重新改写），让 Notion AI 重新生成一段内容。

图 4-10 选择“Make longer”选项生成的内容

如图 4-11 所示，如果我们选择了“Change tone”选项，那么就可以把原文风格转换成以下风格。

- Professional：专业。
- Casual：休闲。
- Straightforward：直率。
- Confident：自信。
- Friendly：友好。

以上为旅游的意义大纲。

Ask AI to edit or generate...

All free AI responses have been used for this workspace. Go unlimited

Edit or review selection

Improve writing

Fix spelling & grammar

Make shorter

Make longer

Change tone

Simplify language

Generate from selection

Summarize

Translate

Professional

Casual

Straightforward

Confident

Friendly

图 4-11　“Change tone”选项及其扩展选项

4. AI 创作

或许你已经发现了，所谓“改”“扩”之类的选项只不过是 AI 创作的快捷方式而已，要想最大限度地发挥 AI 的能力，直接唤起 AI 创作可能是更好的解决方案。

事实上，这个功能确实也是 AI 创作的核心能力。所以，Notion AI 直接把它做成了一个快捷方式。在我们编辑文本的时候，只需按下“space”（空格），即可随时随地唤起 AI 创作，如图 4-12 所示。

图 4-12 Notion AI 唤起 AI 创作功能

在这里的对话框中，我们可以向 AI 提出任何写作要求，按下回车键之后，AI 就可以按照我们的要求自动进行创作了，这一点我们在前面其实已经见识过了。或许你已经注意到了，除了 AI 的对话框，这里还跳出了一个菜单栏，我们可以根据其中的选项对前面的内容进行续写、改写、翻译和总结。如果其能够满足我们的要求，那么我们就不必在对话框中输出需求了。

当我们选择其中一个模板之后，它就会在 AI 对话框中替我们填写一些提示词。不过，显然我们还需要补充更多的信息。如图 4-13 所示，这里我选择了“Essay”(论文灵感)，然后在对话框中基本要求就出来了，而我需要做的只是补充更多的相关信息，这样 AI 就可以帮我把相关的内容生成出来。

图 4-13 Notion AI 模板选择

至此，我们已经了解了 Notion AI 的基本用法，可以看到，Notion AI 为我们提供的是一套完整的解决方案，通过它，我们可以很轻松地完成工作。

本节只是以 Notion AI 为例简单介绍了利用 AI 辅助创作的工具，类似的工具市面上还在不断涌现，但 Notion AI 最早实现了 AI 与文字处理工具的结合。

二、飞书智能伙伴

飞书智能伙伴是飞书基于人工智能算法提供的全新智能伙伴服务。它不仅可以为用户提供强大的文档创作功能，助力个人工作提效，也可以为企业提供知识流转、链接业务应用的统一平台，全面提升业务运转效率。

飞书 CEO 谢欣曾提出过一个概念——“AI ready”，说的是 AI 时代来临时，对企业和个人来讲，首先要做到“AI ready”，也就是“数字化沉淀”。企业使用 AI 的场景基本是基于行业和场景的数据加业务流程，这是真正让 AI 进入企业的内核，而且没有捷径。本节将介绍在具体的企业工作的业务场景中如何利用飞书智能伙伴进行创作。

1. 飞书智能伙伴对话的基本功能

与 ChatGPT 类似，飞书智能伙伴可以根据用户发送的消息来进行回复，同时在回复时会判断是否需要进行互联网搜索。如果需要，那么智能伙伴会调用头条搜索功能，在互联网上为你查找相关知识，并参考搜索结果给出答案；如果不需要，则智能伙伴会使用大模型来回答问题。

当你输入问题时，飞书智能伙伴会根据算法推荐你可能想要输入的操作命令或需要询问的问题。因此，有时候你无须手动输入文字，只需点击飞书智能伙伴推荐的提示词，即可快速向飞书智能伙伴发送消息。以下是具体操作步骤。

(1) 点击“新话题”，然后在飞书智能伙伴发送的卡片消息中，可以快速选择需要使用的功能场景，如图 4-14 所示。我们无须手动输入提示词为飞书智能伙伴设定角色、身份或使用场景。

图 4-14　飞书智能伙伴的对话界面

(2) 在对话过程中，飞书智能伙伴会结合对话内容推荐你可能想问的问题。点击某个问题就可以向飞书智能伙伴快速提问，如图 4-15 所示。

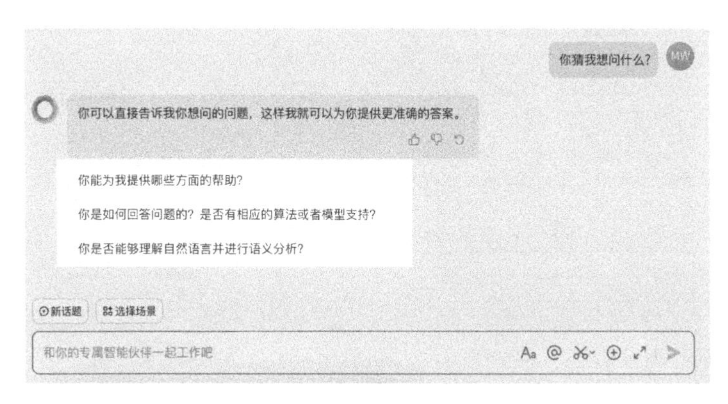

图 4-15　飞书智能伙伴的推荐问题

(3) 点击“选择场景”，可以看到飞书智能伙伴提供了几大预设场景来帮助你降低入门门槛，进而快速上手，解决工作中的大小事。同时，你也可以通过创建自定义场景，解锁飞书智能伙伴的更多用法。

2. 在群聊中使用飞书智能伙伴

群聊已成为职场中常见的文字沟通场景，而飞书智能伙伴可以帮助你更好地在群聊中处理各种文字信息。

如图 4-16 所示，在群组的聊天页面上方，点击飞书智能伙伴的头像后，可以进行以下操作。

- 在收到的卡片中，点击飞书智能伙伴推荐的提示词，它可以为你快速总结最近的群聊消息。
- 你可以在右下方的输入框中输入文字与飞书智能伙伴进行对话。飞书智能伙伴会根据群聊消息回答你的问题。

图 4-16　用飞书智能伙伴总结群聊消息并基于群聊消息回答问题

3. 飞书智能伙伴助力会议提效

在会议中，飞书智能伙伴可以自动提炼并总结会议内容，用户可在“妙记文件”和“会议纪要文档”中随时查看。在智能提取的纪要中，有智能会议总结和待办、智能章节纪要、时间轴发言总结这 3 个模块，它们具有如下功能。

- 查看智能会议总结和待办，可以高效掌握会议核心内容，明确下一步计划。
- 查看智能章节纪要，可以清晰把握会议全局脉络，定位目标内容。
- 在发言人时间轴上查看参会人的发言总结，可以快速获取核心观点。

不过，需要注意的是，会议发起人只有在拥有飞书智能伙伴的使用权限后，才可以在会后生成会议纪要和待办事项。如果需要使用飞书智能伙伴提炼本地音频文件或视频文件的内容，那么将本地文件上传到妙记模块，生成妙记后即可看到智能总结的内容。

图 4-17 展示了飞书智能伙伴用于会议的具体使用界面。

4. 在文档创作中唤起飞书智能伙伴

新建文档后，只需输入标题，然后点击“智能伙伴帮我写”，飞书智能伙伴就会根据标题创作内容。

对于生成的文本，只需选中，智能伙伴即可帮你对文档内容进行篇幅调整、语法纠错、语气调整等，让文档修订变得更轻松，如图 4-18 所示。

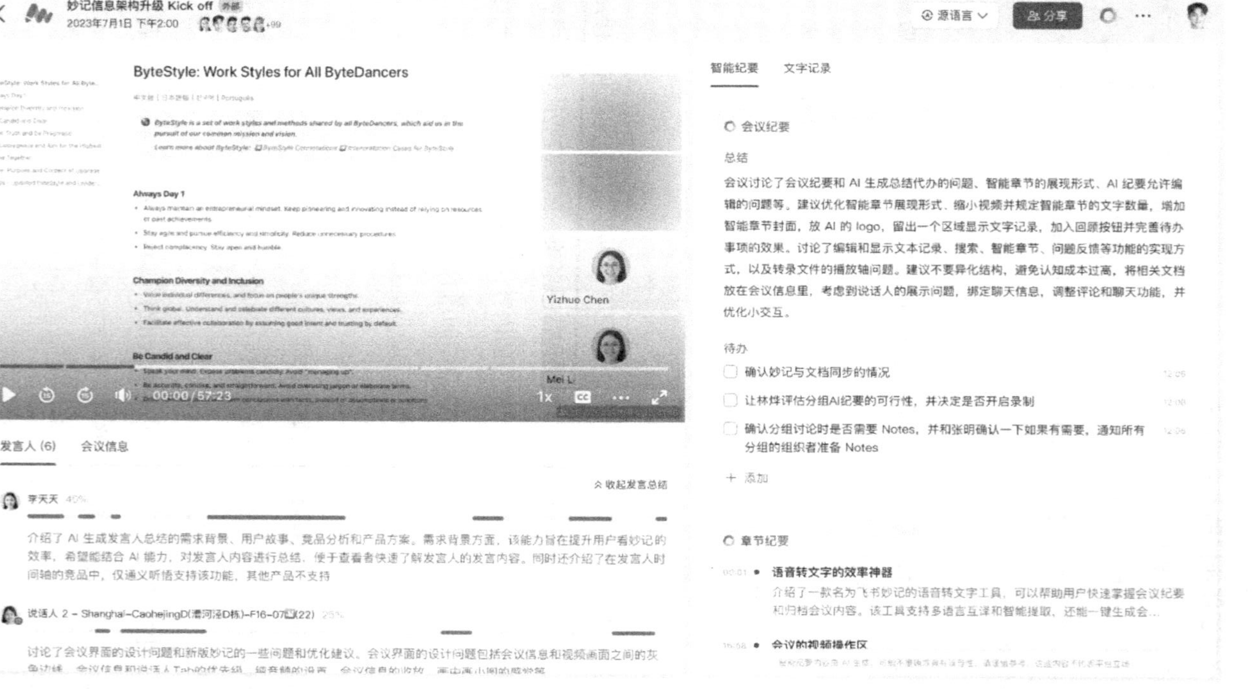

图 4-17 飞书智能伙伴用于会议的使用界面

图 4-18　用飞书智能伙伴辅助文档写作

此外，在客户端中打开文档，点击右上角的智能伙伴入口，智能伙伴可以基于文档进行总结、解释和查找，使长文档阅读更高效，如图 4-19 所示。

图 4-19　用飞书智能伙伴基于文档完成处理任务

同时，系统中还内置了不同领域的 AI 模板库，可以让专业的文档写作变得更加简单。

5. 用飞书智能伙伴起草邮件

新建邮件时，点击“飞书智能伙伴帮我写”，飞书智能伙伴就会根据你的描述，快速起草邮件内容，如图 4-20 所示。同时，该功能还内置了“邮件模板”和“智能润色”两个额外功能。

- **邮件模板**：根据邮件主题生成个性化模板，帮助用户快速编写电子邮件。
- **智能润色**：帮助用户扩写、润色、总结及续写已有邮件内容。

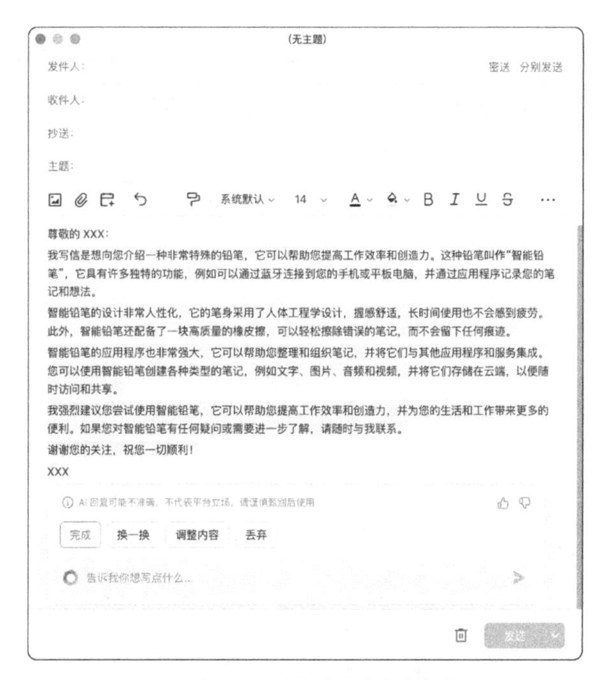

图 4-20　用飞书智能伙伴起草邮件

6. 用飞书智能伙伴设计问卷

如图 4-21 所示，在飞书问卷中使用飞书智能伙伴一键生成问卷问题，可以满足调研、信息收集等多种需求。核心操作如下。

(1) 点击标题或插入题目，唤起飞书智能伙伴。

(2) 输入场景或主题，智能设计整个问卷。

(3) 根据问题描述自行选取字段类型，生成表单问题。

(4) 通过指令灵活调整问卷长度、题目类型，一键生成更详细或更简洁的版本。

图 4-21 用飞书智能伙伴设计问卷

第 3 节　其他 AI 写作助理

本节将介绍其他几种 AI 写作工具，首先让我们来看两款工具，它们主要针对不同垂类场景中的市场营销工作进行设计。

Jasper AI 就提供了大量面向市场营销的模板，其在英文领域得到了广泛应用。而 Friday 也提供了大量的模板，但它通常面向中文市场，因此，它还提供了类似于微信公众号、知乎之类的模板。

除了营销模板，搜索引擎也是比较常见的写作辅助工具，其中与 AI 相结合的最典型代表是 New Bing。

Bing 是微软出品的搜索引擎，其原本的使用方式只是一个简单的搜索框，与谷歌和百度的搜索引擎没有什么区别。当微软把 AI+ 对话的交互方式应用到 Bing 上之后，Bing 就多了一种使用方式：聊天。因为 Bing 提供了一种新的交互方式，起初其被分配的是一个带有“new”（新的）的网址，所以人们习惯将其称为 New Bing。图 4-22 展示了使用 Bing 时的操作界面。

熟悉了 ChatGPT 之后，你会发现 Bing 的交互方式与 ChatGPT 没有任何区别，其非常容易上手。不过，虽然交互方式类似，但在生成的内容上，Bing 与 ChatGPT 之间存在着巨大的差异。

图 4-22 使用 Bing 时的操作界面

我们知道，ChatGPT 是基于预先训练好的大语言模型构建的，这种模型的生成方式存在一个固有的问题——只能了解预先知道的数据，如果是训练时没有的东西，那么模型就不可能知道。如果我们想知道近期的新闻，那么 ChatGPT 是不可能给出令我们满意的答复的。

虽然 Bing 也是基于同样的模型构建的，但 Bing 把搜索引擎同 ChatGPT 做了整合，如果我们想知道一些新近发生的事情，那么 Bing 就可以通过搜索找到这些信息，在经过整合后回馈给用户。这种方案很好地弥补了 ChatGPT 固有的缺陷，使得内容质量也上了一个台阶。

介绍完 New Bing，相信大家可以感受到搜索引擎与 ChatGPT 天然的结合点了吧。而对国内来说，以搜索引擎闻名的百度同样推出了自己的大语言模型——文心一言，如图 4-23 所示。与 ChatGPT 类似，文心一言也能与人对话互动，回答问题，协助创作，高效便捷地帮助人们获取信息、知识和灵感。

图 4-23　文心一言官网界面

此外，2023 年 12 月，百度还推出了基于文心一言的 AI 原生应用——“超级助理”，它以 Web Copilot（浏览器插件）的形式与用户同行，充当智能大脑，随时感知用户需求。在解析复杂问题、辅助文案创作、智能文档处理、对话式搜索、全文翻译等场景中，超级助理与用户紧密合作，提供卓越的办公体验。不仅如此，超级助理还支持集成到不同系统中，成为每个企业系统的 Copilot，通过插件方式调起任务，串联多个业务系统，实现企业一站式超级入口。①

事实上，市面上的 AI 文字处理工具不少，在基本功能上也有很多类似的地方，但每个工具都有自己的一些特点，尤其是针对不同需求的内容生成会有所差异。因此，我们要根据自身所需选择合适的工具。不过，有一点需要注意，不要因为这种工具过多，就把注意力都放到工具的选择上，这其实是非常浪费时间的行为。其实很多人在一开始并不清楚自己的真实需求，因此更实用的办法是先选择一个通用的工具，将关注的重点放在内容本身。在使用的过程中，你会逐渐发现自己的真实需求，也许到那时，你才有能力做出合适的选择。

本章小结

本章介绍了怎样在文字处理的过程中使用 AI 工具。可以看到，在文字处理的各个环节，AI 工具都可以起到很好的辅助作用：无论是通过头脑风暴想点子，还是在写作过程中帮我们举一些例子，甚至可以直接根据我们的大纲进行内容创作，同时，我们还可以让 AI 工具在我们已经完成的内容上进行扩写、缩写和润色。

本章介绍了好几种 AI 工具，既有像 ChatGPT 这种并非面对文字处理，却有很强的文字处理能力的工具，又有像 Notion AI 和飞书智能伙伴这种专门将文字处理和 AI 整合起来的工具。

正是由于这些工具的不断进步，我们可以预期在未来的文字处理过程中必然是人与 AI 相互配合，各施所长。

第
5
章

用 AI 助理绘图

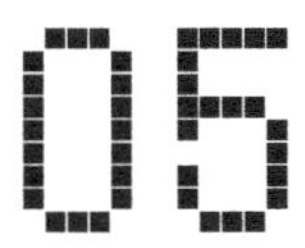

第 1 节 AI 绘图的基础：Diffusion 模型

这里所讨论的 AI 绘图指的是，输入一些描述语句，然后由 AI 来生成创意画作，有人形象地称这种做法为“文生图”。如今我们能够做到 AI 绘图，还要归功于 Diffusion 模型。很多著名的 AI 绘图工具（如 Midjourney、Stable Diffusion 以及 DALL · E2）的背后支撑是 Diffusion 模型。

diffusion 是“扩散”的意思，而扩散是物理学中的一个现象。其实，对于扩散现象，我们都很熟悉，例如，在水中滴入一滴墨水，它就会慢慢扩散到整个容器之中。Diffusion 模型的提出者最初就是受到这种物理现象的启发而开发出这种模型的。

那它是怎样“扩散”的呢？ Diffusion 模型首先会生成一张全噪声的图片。然后，它会根据文本描述，判断哪些地方应该变得更清晰，进而更新图片，使其变得稍微清晰一点儿。它会重复这个过程很多次，每次更新都会让图片变得更加清晰、真实。最终，它会生成一张跟文本描述相匹配的图片。

整个过程就像是一张模糊的照片慢慢变清晰并呈现出真实画面一样。这就是“Diffusion”这个名字的由来，它模拟了图像从模糊到清晰的过程。这种从无到有、逐步生成的方式更加自然且可控。

有了 Diffusion 模型，就可以很好地完成图片生成的工作了。那怎样把我们的语言对应到图像上呢？这就轮到另外一个模型登场了，它就是 CLIP（Contrastive Language-Image Pre-training）模型，这是一个从文本到图像的预训练模型，可以有效地解决从文本到图像的映射。

与 ChatGPT 一样，CLIP 模型也出自 OpenAI。OpenAI 非常擅长做大模型，在这一点上我们从 ChatGPT 的表现就可以看出来。OpenAI 首先在互联网上收集到了 4 亿个高质量的文本图像对，然后分别对文本和图像进行编码，以让 CLIP 模型学会计算文本和图像的关联程度。①

通过将 CLIP 的文本到图像的映射以及 Diffusion 的生成图像的能力相结合，我们拥有了今天的 AI 绘图工具。

至此，我们已经对 AI 绘图的基本由来有了一个大概的了解。接下来，我们具体来看一下如何运用 AI 绘图工具进行创作。

第 2 节 使用 Midjourney 绘图

Midjourney 是一款典型的 AI 绘图工具，由位于美国旧金山的独立研究实验室 Midjourney Inc. 创建，该工具于 2022 年 7 月 12 日进入测试阶段，很快就凭借其出色的表现征服了很多用户。

- 著名的《经济学人》杂志用它制作了 2022 年 6 月的一期封面。
- 2022 年 12 月，有人用一个周末的时间使用 Midjourney 创作了一本名为 *Alice and Sparkle* 的儿童读物。
- 曾获得美国科罗拉多州艺术博览会数字艺术类别冠军的画作《太空歌剧院》也是采用 Midjourney 制作的。

Midjourney 初来乍到便取得了令人眼前一亮的成绩，如今越来越多的人将 Midjourney 加入到了 AI 绘图工具的行列里，还有很多人把它运用在了自己的日常工作中，比如市场文案的配图、自媒体的配图，等等。之前需要专人完成的工作，现在只要几句提示语就可以让 AI 来完成了。许多并不具备绘画才能的人，现在也可以很好地借助 AI 来发挥自己的想象力了。

讲到这里，想必你已经对 Midjourney 有了兴趣。接下来，我们就来探索一下 Midjourney 这个工具。

一、Midjourney 的特点

估计很多人在不同的地方看到过 Midjourney 生成的图片，但轮到自己上手的时候，生成的结果总是不尽如人意，这里的关键点是要了解怎样与 Midjourney 打交道。因此，我们需要知道 AI 适合画什么，以及如何告诉 AI 怎么画。

很多人可能会想，现在 AI 已经非常强大了，应该什么都能画吧。遗憾的是，并非如此。前面我们讲了 AI 绘图的基本原理，从本质上说，AI 只是根据输入的文本到它的模型里去检索，然后再根据检索的结果来绘图。因为模型本身并非无所不包，所以 AI 也做不到无所不能。根据目前模型的限制，AI 绘图普遍存在以下几个问题。

1. AI 不擅长绘制精确的图和有逻辑的图

什么叫“精确的图”呢？比如，室内设计图、工业透视图等，这些图 AI 绘制不了。那什么叫“有逻辑的图”呢？比如，生物的尺寸关系，如果我想让 AI 画远处的大象和近处的小狗，那么它也只能画出一个大概尺寸，而无法精准呈现。这是由 AI 绘图的工作方式所决定的，也就是说，AI 是猜测你的绘画意图，并非严丝合缝地去“绘制”一幅图片。总而言之，你可以把绘图的 AI 看作一个艺术家，而不是科学家，让它画意象没问题，如果想要精准，那还是算了吧。

2. AI 不能仅依赖自然语言进行连续绘图

如果我们用自然语言讲一个故事，想让 AI 帮我们生成具有同一个主人公的连环画，那么目前的 AI 是做不到的，因为它并没有什么记忆能力，每次都会根据我们的输入内容到模型里面重新检索。AI 检索的特点是，同样的输入，每次的输出可能会不同。在这里，你可以把 AI 理解成一个记性不好的家伙，说了下句就会忘记上句。当然，在 Midjourney 里，我们可以通过垫图的方式在某种程度上解决这个问题，具体的做法后面会讨论。

3. AI 不擅长处理多个具体对象的互动

如果让 AI 绘制一幅山水画，它可以完成得非常出色。但是，如果你告诉它画面中有两个小孩，一个高个子，一个矮个子，两个人正在湖边嬉戏，它就会感到困惑，不知道该如何绘制。如果画面中超过 3 个人，那么在它处理完后，甚至会多出一个人或少一个人。你可以把 AI 理解成不擅“人际”关系的人，即人越多，它越慌乱。

从技术发展的角度看，这里所说的 AI 绘图的问题中有很多是暂时的，是有希望得到解决的。例如，就连续绘图来说，Midjourney 诞生于 ChatGPT 之前，而 ChatGPT 的诞生让人们看到了连续对话能力已经为 AI 应用展现出新的可能性。所以，可以想象，未来 AI 绘图的能力一定会变得更加强大。

既然 AI 绘图存在这么多问题，那 AI 擅长什么呢？

1. AI 擅长风格化创作

AI 可以模仿世界上几乎所有的绘画风格，你可以把它理解成见多识广的艺术家，所有存世的绘画风格它都可以模仿。

2. AI 擅长快速绘画

从我们给出一段文本开始，短则半分钟，长则三四分钟，AI 就可以绘制出一幅图画，这与大多数同品质的人工绘图相比，效率简直天差地别。你可以把它理解成一个“小快手”，瞬间即可完成我们要求的任务。

3. AI 擅长融会贯通

AI 可以把不同风格的内容融合在一起，绘制出一幅我们既熟悉又陌生的作品，帮助我们突破想象力的边界。你可以把它理解成一个擅长融会贯通的艺术家，能够将多种绘画风格融合在一起。

现在你已经知道，AI 不仅不擅“精确”，“记性不好”，也不擅“人际”，另外，它还是一个见多识广、融会贯通的“小快手”。所以，在与 AI 打交道时，我们要规避它不擅长的方面，利用好它的优势。

也许你已经发现了，在上面的讨论中，我用的是 AI，而不是 Midjourney，因为虽然不同的 AI 绘图工具在具体特性上有所差异，但在这些基本特点上，它们大体类似。

有了对于 Midjourney 特点的了解，接下来我们就可以使用 Midjourney 进行绘图工作了。

二、Midjourney 的“咒语魔法”

既然 AI 绘图的重点是用文字生成图片，那么我们给 Midjourney 输入的文字将决定它的输出结果。给 Midjourney 输入的文字也称为“提示词”，正如第 4 章在讨论提示词时说到的，使用恰当的提示词引导，可以让 AI 更通顺、更有条理地与用户对话，进而提升用户对 AI 的认可度和满意度。下面我们将结合 Midjourney 的官方文档，详细介绍一些 Midjourney 的“咒语魔法”。[②]

1. Midjourney 提示词结构

开始探索具体的提示词之前，我们需要对 Midjourney 的提示词的结构有个基本的了解。首先是基本结构，Midjourney 提示词的基本结构如图 5-1 所示。

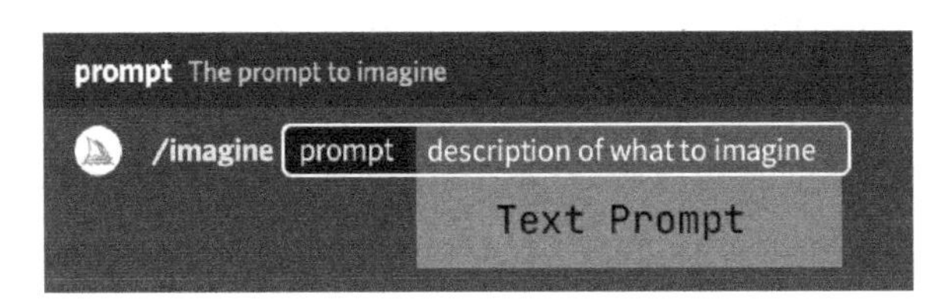

图 5-1　Midjourney 提示词的基本结构

基本结构没有任何特殊之处，非常直观，这里的“Text Prompt”（文本提示）就是我们对一张图的描述，Midjourney 会根据这个描述进行图像的生成。这个基本结构就可以满足我们的“上手”需求，该结构也是我们后面要讨论的重点。

除此之外，Midjourney 提示词还有一个高级结构，如图 5-2 所示。

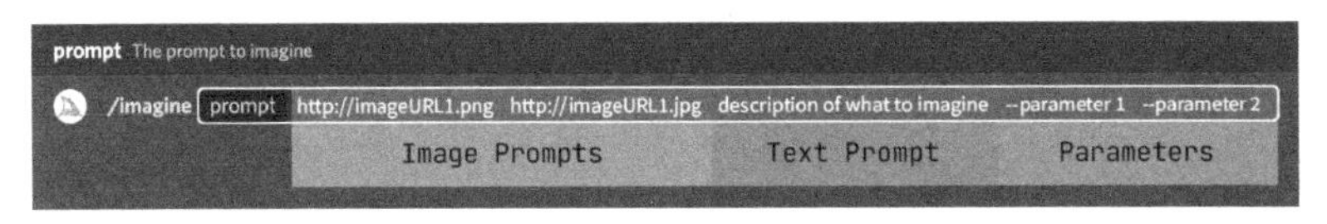

图 5-2　Midjourney 提示词的高级结构

在这个高级结构中，完整的提示词包含 3 个部分。

- Image Prompts：图片提示。
- Text Prompt：文本提示。
- Parameters：参数。

位于整个结构最前面的是“图片提示”。图片提示可以包含一个或多个图片 URL，Midjourney 会以这些图片为参考生成新的图片，最典型的应用场景是生成头像，比如你可以将自己的头像作为图片提示传给 Midjourney。

位于整个结构最后面的是“参数”，参数可以改变图片的生成方式。具体而言，参数可以改变纵横比、使用的模型版本、放大器等诸多方面。参数最典型的应用场景是生成手机壁纸，我们可以指定生成图片的大小。在后面的内容中，我们会结合具体的场景来讨论不同参数的使用方式。

如果说前后两个部分的内容像是一个软件的固定配置，那么位于中间部分的“文本提示”才是我们可以自由发挥的地方，它是整个提示词结构中最核心的部分，是生成图片的关键。接下来，让我们将注意力转移到这个部分，讨论一下可以把哪些信息提供给 Midjourney。

2. Midjourney 的文本提示

文本提示就是我们告诉 Midjourney 怎样生成图片。这里的问题是，我们能告诉 Midjourney 什么呢？在向 Midjourney 提要求时，我们一般会遵循这样一种结构：

文本提示 = 主体 + 风格

在这里，主体就是我们要画的东西（如一只兔子、一座火山、一幢大楼等），这个部分完全取决于我们的诉求。如果你希望自己能够画得更好，那么就要更详细地描述主体，比如一只穿着白色太空服的兔子，站在高高的山上。即便不具备良好的绘图能力，听到这些描述，我们的脑海里也会产生一幅画面。所以，如果想让 Midjourney 画出你心中的那幅画，就要给它提供更多的细节，描述你心中的那个主体。

除了主体，文本提示还有一个很重要的部分，那就是风格。风格是指让同一个主体呈现出不同样貌的特征。例如，说起皮克斯，我们就会想到可爱的动画人物；提到莫奈，我们就会想到模模糊糊但很好看的印象派作品。这就是风格。一幅作品的风格可以从不同的角度来描述，比如绘画的风格、艺术家的风格等。我们前面讲过，AI 绘图很重要的一个特点就是风格化，而且能够把不同的风格融会贯通。Midjourney 知晓的风格实在太多了，这里不再一一列举，后面结合具体的场景，我们会介绍如何运用不同的风格。

如果说主体的部分体现了 Midjourney 对于语言的理解（这还属于普通人的范畴），那么风格的部分则体现了 Midjourney 对于艺术的理解（这让它从普通人变成了艺术家）。

至此，我们已经把 Midjourney 提示词的结构完整交付给你了，当然，这还只是一个结构，就是让你对用好 Midjourney 有一个初步的认识。接下来，我们会结合一些具体的场景来介绍如何在实际的工作和生活中运用 Midjourney 进行创作。

三、Midjourney 实战

下面我们先通过一个简单的例子熟悉一下使用 Midjourney 进行创作的基本流程，然后再结合几个具体的工作场景进行创作。好，我们开始！

▶ 实战 1：从一张简单的图片开始

我们先从一张简单的图片开始。在这个例子里，我们会让 Midjourney 帮我们画一幅“穿着白色太空服的兔子”。通过这个例子，我们可以了解使用 Midjourney 进行创作的基本流程：

- 明确任务目标；
- 确定提示词；
- 生成图片，观察细节；
- 根据生成细节微调。

同执行任何任务一样，在开始做一件事之前，一定要先明确任务目标。很多时候，我们之所以没有得到想要的效果，很大程度上是因为并未搞清楚自己想要的东西是什么样子。如果需要创作一幅图，那么通常需要搞清楚以下几点。

- 明确主体：到底要画什么。
- 明确需求：想要画成什么样子。
- 明确场景：这幅图要用在什么地方。

在这个例子里，我们的主体是一只穿着白色太空服的兔子，我们还可以将要求描述得更具体一些，比如站在山峰上、面对着峡谷等。那么要画成什么样子呢？我们希望这只兔子可爱一点儿，比如可以画成动画里的风格。至于用在什么地方，我们暂时没有太多的想法，因为只是用来练手，就不做过多的规定了。

明确了目标之后，接下来就该把这个目标转换成提示词了。按照提示词的结构，我们先来描述主体：一只穿着白色太空服的兔子，站在山峰上。这个部分相对比较简单，因为它就是自然语言的描述。然后，再来描述风格，我们希望它是动画里的风格。一说到动画风格，很多人会想到皮克斯的动画，那我们就把风格定为皮克斯风格好了。最后，将这两个部分结合起来，描述如下：

```
一只穿着白色太空服的兔子，站在山峰上，皮克斯风格
```

在与 Midjourney 交流时最好使用英文，所以，我们需要把上述内容翻译一下：

```
a rabbit in a white spacesuit standing on a mountain peak, pixar studio style
```

至此，我们就有了提示词，接下来可以把它发给 Midjourney，让它为我们生成图片了，如图 5-3 所示。

Midjourney 会一次性生成 4 张图片。我们需要做的是观察这些图片的细节，看哪一张更符合我们的预期。如果没有满意的结果，那么我们就需要调整提示词来重新生成。如果有大体满意的结果，那么我们就有了可以继续优化的方向。

图 5-3 Midjourney 生成的穿白色太空服的兔子

从我们的诉求来看，图 5-3 中左上角的图片很符合我们的要求。因此，我们可以基于这张图片进行改进。Midjourney 为我们提供了下面两个改进方向。

- **细节增强**。将这张图片放大，细化这张图片，补充更多的细节，对应到“生成图”下的“U”选项。
- **原图变换**。根据这张图片进行一定的变化，生成不同的图片，对应到“生成图”下的“V”选项。

你可以分别尝试一下这两个选项。在 Midjourney 里，生成的图片从左上到右下分别对应着编号 1、2、3、4，这里我们想基于左上角的图片进行改进，因此它的编号是 1。

将改进和编号结合起来，你就知道该使用哪个选项了。例如，我要对图 5-3 中左上角的图片做细节增强，于是我选择了“U1”。图 5-4 是我选择“U1”的结果，从这张图片上不难看出，它和图 5-3 中左上角的图片一模一样，只不过这张图片更大，细节更丰富。

图 5-4 用“U1”选项放大后的穿着白色太空服的兔子

如果是对图 5-3 中左上角的图片进行原图变换，我会选择“V1”。图 5-5 是我选择“V1”的结果，虽然这 4 张图片和图 5-3 中左上角的图片非常类似，但细节上有很多不一样的地方。

图 5-5 用“V1”选项变换后的穿着白色太空服的兔子

如果你对其中的某张图片感兴趣，那么可以继续进行操作，只需选择“细节增强”或“原图变换”即可，操作方法与前面类似。一般来讲，不管进行多少次变换，如果最后生成了满意的图片，我们还是会回到“细节增强”，细节增强后的大图才是我们最终预期的结果。

就这里的操作而言，第一次采用“细节增强”后的图片就已经符合我们预期了，因此我们可以将这张图作为最终结果。

至此，我们已经了解了使用 Midjourney 进行绘图的全过程。接下来，我们再用它来完成一些更具体的工作。

▶ 实战 2：制作 Q 版形象

在这个实战案例中，我们会通过制作一个 Q 版形象来了解图片提示和参数的基本用法。

在上一个实战案例中，我们凭空制作了一只可爱的小兔子，但有时候，我们希望制作出的形象更有根据，例如，我希望为自己做一个头像，或者为我的宠物制作一个形象。

根据既有形象进行创作，除了要有扎实的绘画功底，能够抓住这个形象的典型特征，还要对绘画风格有所了解，比如 Q 版形象的风格是比较可爱。总而言之，这是一个比较高的要求。但有了 AI 绘图的辅助，对大多数人来说，这件事已经不再可望而不可即了。下面我们来具体看看怎样制作 Q 版形象。

与之前直接使用提示语不同，既然要设计一个 Q 版形象，那么首先我们要有一个基础的形象。这里我找到了一只狗作为我们的起始点，如图 5-6 所示。

图 5-6 AI 生成的基础形象

怎样才能把图 5-6 作为设计一个 Q 版形象的参考呢？首先，我们需要给出提示词，把它作为参考。有人很形象地将这种给出图片作为参考的方式称为“垫图”。具体到写提示词时，就是把这张图片的地址作为提示词的一部分写出来。还记得前面我们在讲提示词的高级结构时，第一个部分就是“图片提示”吗？对于这里的图片提示，我们只要给出一个图片地址就好。可以先简单地试一下，看看会出现什么效果。下面是我给出的提示语，我先给出了图片的地址，然后又给出了我的要求，即让 AI 帮我画一只狗，也就是这里的主体，最终的生成结果如图 5-7 所示。

https://cdn.pixabay.com/photo/2023/04/28/14/35/dog-7956828_1280.jpg, a dog

图 5-7 让 Midjourney 根据基础形象绘制的图片

从 AI 画出的这些图片不难看出，它确实参考了我们给出的图片，包括这只狗的特征，甚至是一些背景特性。主体部分没有什么太大的问题，不过，因为我们想要的是一个 Q 版形象，所以接下来还需要在风格上做一些改变。

一个常见的用来做 Q 版形象的提示词是 Chibi，我们可以再结合着不同的风格试一下，最终的生成结果如图 5-8 所示。

https://cdn.pixabay.com/photo/2023/04/28/14/35/dog-7956828_1280.jpg, a dog, Chibi, pixar style, 3D rendering

图 5-8　Midjourney 变换风格后的基础形象

很明显，加上一些风格限制后，狗的形象一下子就变得更加有趣了。有了这个基础，我们就可以进一步丰富细节了，比如可以让这只狗坐到太空飞船里。

另外，通过与原图对比，我发现这里生成的效果显得太逼真了，我想让它更有动画效果。这里可以使用参数 `--iw 0.5` 进行调节。在这个例子里，`--` 是告诉 Midjourney，接下来就是我们设置的参数，`iw` 是参数的名字，它是 Image Weight（图片权重）的缩写。如果设置不同的权重，那么 Midjourney 在生成图片时对原图参考的信息量就会不同。最后的 `0.5` 是给这个参数设定的值。

我们把希望做的调整放到一起，最终得到了图 5-9 所示的生成效果。

https://cdn.pixabay.com/photo/2023/04/28/14/35/dog-7956828_1280.jpg, a dog wearing a spacesuit and sitting in a spaceship, Chibi, pixar style, 3D rendering --iw 0.5

图 5-9　Midjourney 调整参考图权重后生成的图像

从生成的图片的效果来看，我个人对图 5-9 中右下角的图片比较满意，我们可以基于这张图片来进行细节增强或原图变换。

至此，我们已经了解了如何使用图片提示和参数。图片提示非常好理解，就是一张具体的图片。至于参数，Midjourney 本身为我们提供了很多参数，有兴趣的话，不妨到其官方网站了解一下。通过前面两个实战案例，相信你已经对使用提示词进行 AI 绘图有了一个比较完整的认识。接下来，让我们利用这些知识为自己绘制一幅图吧。

▶ 实战 3：制作电脑（或手机）壁纸

无论是在电脑上还是手机上，壁纸都已成为一个人彰显个性的重要手段。壁纸是我们每天都要接触的重要视觉元素之一，它占据着屏幕的大部分空间，直接影响我们的心情。许多人会选择自己喜欢的图片或照片来当作壁纸，以表达自我和个人兴趣：有的人会选择风景照，以表达自己对自然和旅行的热爱；有的人会选择电影截图或动漫人物，以展示自己的娱乐偏好；还有人会选择抽象艺术作品，以显示对美术和设计的欣赏眼光。

壁纸也是一种形式上的自我装饰。一个人会不断尝试不同的壁纸，选择与自己当下的情绪或生活节奏相匹配的风格。一张清新简约的壁纸可以让人感到舒心放松；一张充满活力的壁纸可以激发工作或学习的热情。这就如同我们会根据心情选择不同的服装一样，壁纸已经成为我们日常生活中很重要的一部分。

正是因为如此，所以我们经常会上网寻找好看的壁纸，甚至会安装一个壁纸应用，每天都更换不同的壁纸。但无论采用哪种做法，这些壁纸都有一个共同的问题，它们并不专属于你。在这个个性飞扬的年代，拥有一张属于自己的独一无二的壁纸将会是一件极具个性的事。不过，对大多数人而言，制作一张属于自己的壁纸显然是一件难度极大的事情，但 AI 绘图的出现，大幅降低了这件事的门槛。下面我们就用 Midjourney 来制作一张壁纸。

首先，我们要明确目标，想清楚自己需要一张什么样的壁纸。例如，我想要一座在天空中漂浮的城堡，这是这个需求的主体。

我们先来制作一张电脑桌面版本的壁纸。那电脑桌面版本的壁纸和普通的图片有什么区别呢？前者有一个比例的限制，比如常见的壁纸比例有 4∶3、16∶9、16∶10 等。这里我们设计一张 16∶10 的壁纸。那么怎样设定比例呢？我们需要一个参数，这个参数就是 ar，这是 Aspect Ratios（纵横比）的缩写。

将主体信息和参数信息组合起来，就可以得到下面这句提示语，最终的生成结果如图 5-10 所示。

a floating futuristic castle in a clear sky, digital art, 3D rendering, 4k --ar 16∶10

图 5-10　Midjourney 生成的壁纸图像

可以看到，这里生成的备选图片比例是按照我们希望的比例设置好的。如果其中有你满意的图片，你就可以利用前面提到的“细节增强”或“原图变换”得到想要的结果。

除了电脑壁纸，我们还可以生成手机壁纸。手机壁纸与普通图片的区别只是有一个固定比例的限制。不同于横版形式的电脑壁纸，手机壁纸一般是竖版的，常见的比例有 3：4、9：16、10：16 等。这里我们来设计一张 9：16 的壁纸。我们还是用同样的主体，只不过将比例调成了 9：16，最终的生成结果如图 5-11 所示。

a floating futuristic castle in a clear sky, digital art, 3D rendering --ar 9:16

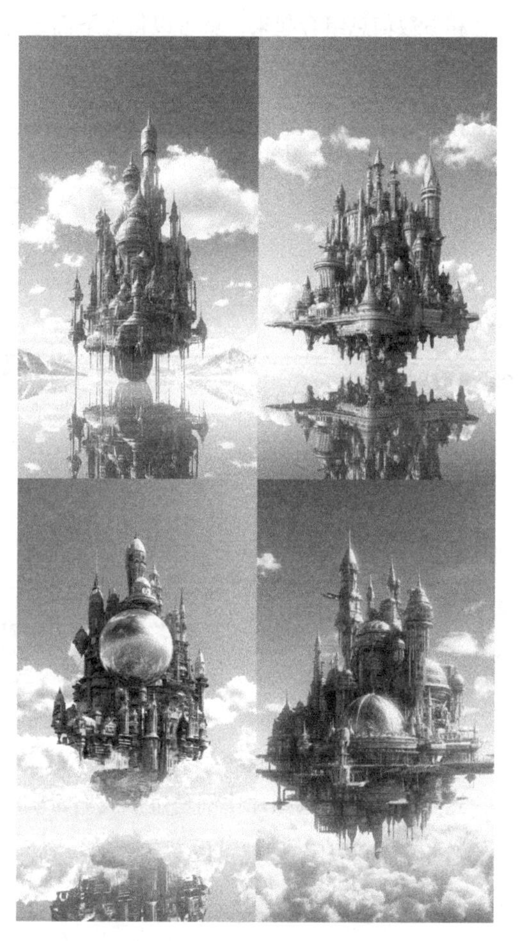

图 5-11　调整横纵比后 Midjourney 生成的壁纸图像

从生成图的结果来看，由于有了不同的比例，这里的壁纸就全都变成竖的了，显然更适合做手机壁纸了。

四、使用 Midjourney 的助手

至此，通过几个不同的实战案例，我们了解了 Midjourney 的基本用法。从这几个案例中不难看出，给出提示词，然后生成图片，这个过程并不困难，而且 Midjourney 本身生成图片的质量很高，这会成为激发我们创作的动力。

但是，要想让 Midjourney 成为更加趁手的工具，我们还需要进行更多的练习。一方面，你可以去看看别人已经生成的图片都用了哪些提示词，比如可以访问 PromptHero 官方网站，如图 5-12 所示。

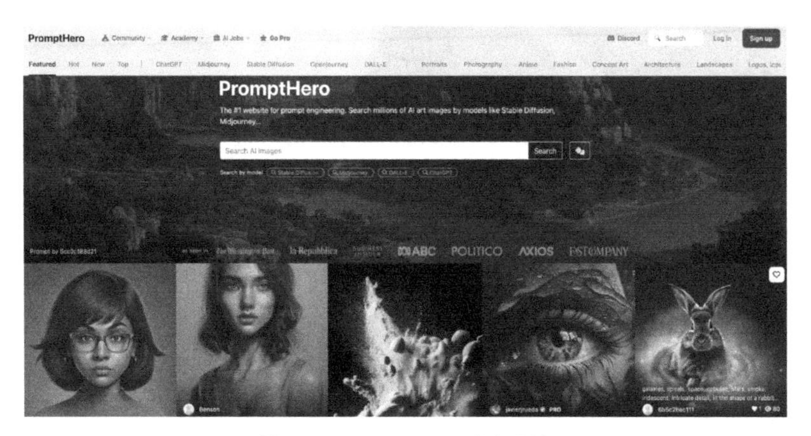

图 5-12　PromptHero 官方网站

PromptHero 提供了许多创作好的图片，而且有对应的提示词（参见图 5-13），该网站可以激发你的创作灵感，让你学会不同提示词的用法。

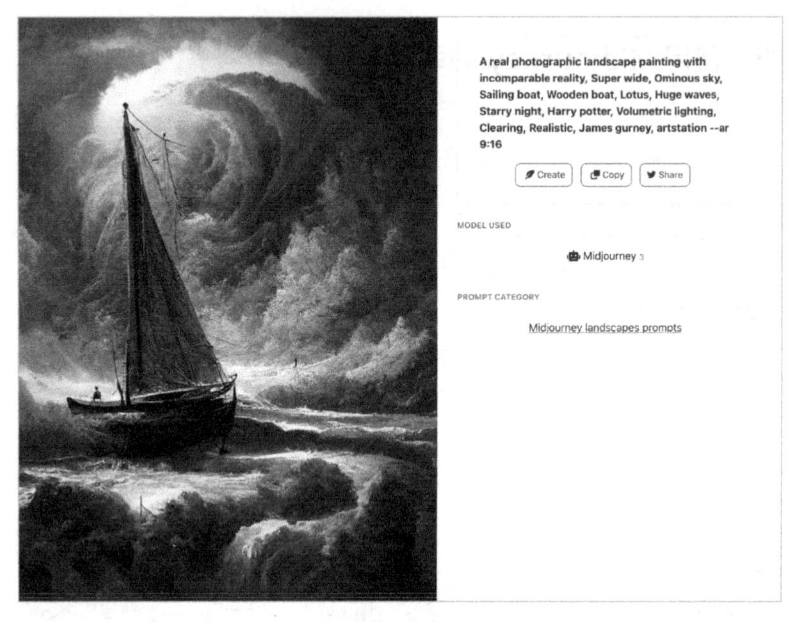

图 5-13 PromptHero 参考提示词页面

另一方面，普通人在使用 AI 生成图片时，真正的难点并不在于主体，而在于风格。普通人缺乏的是艺术积累，他们不像学过绘画的人一样对各种风格都能信手拈来。好在开发者考虑到了这一点，于是就有了一些帮助我们写提示词的网站，比如 Midjourney Prompt Helper 官方网站，如图 5-14 所示。

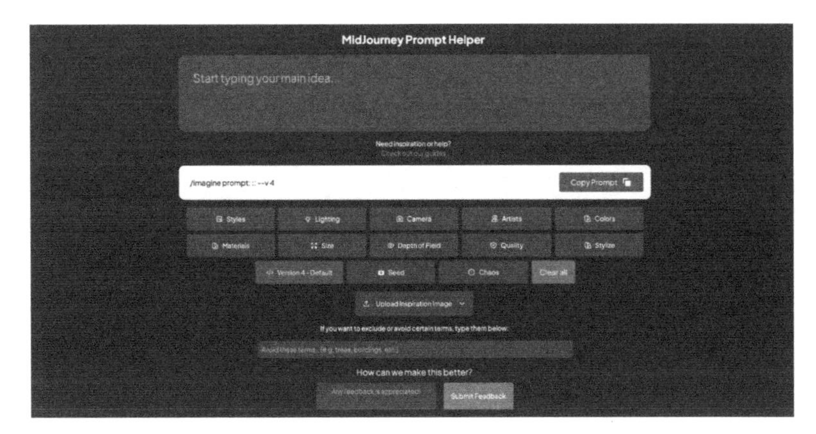

图 5-14　Midjourney Prompt Helper 官方网站界面

在这个网站上，我们可以选择不同的风格、用光、摄像机、艺术家、材质等。更加贴心的是，该网站并不只是罗列一些选项，而是在每个选项上都有对应风格的图片，让我们可以看图选择，如图 5-15 所示。

图 5-15　Midjourney Prompt Helper 的元素分类选择界面

第 3 节　其他 AI 绘图助理

Midjourney 应该是目前市面上最为流行的 AI 绘图工具。如你所见，只是通过简单的提示词，Midjourney 就能生成一些效果不错的图片，而这也正是它的优势所在。当然，除了 Midjourney，我们还会用到其他的 AI 绘图工具。

一、Stable Diffusion

在 AI 绘图界，如果你想知道哪款绘图工具的大名可以与 Midjourney 并列，那一定非 Stable Diffusion 莫属。Stable Diffusion 是由 StabilityAI、CompVis 与 Runway 合作开发的，得到了 EleutherAI 和 LAION 的支持。

如果想直接使用 Stable Diffusion，可以访问其在线版本，如图 5-16 所示。

这个网站提供了一个 Stable Diffusion 的试验场，在这里，你可以快速上手 Stable Diffusion，如图 5-17 所示。

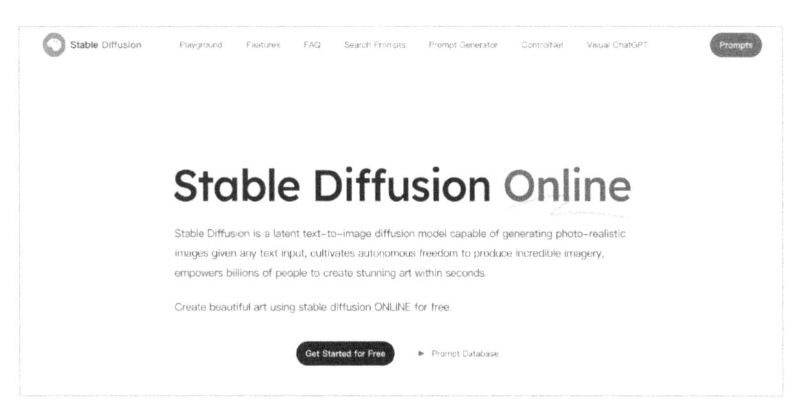

图 5-16 Stable Diffusion 在线版本

图 5-17 Stable Diffusion 的试验生成界面

有了前面对 Midjourney 的学习作为基础，轻松掌握 Stable Diffusion 自然不在话下。这里的提示词可以理解为就是 Midjourney 的基本结构，也就是“主体 + 风格”。与 Midjourney 不同的是，Stable Diffusion 的一些配置参数是用页面选项的方式提供的，如图 5-18 所示。

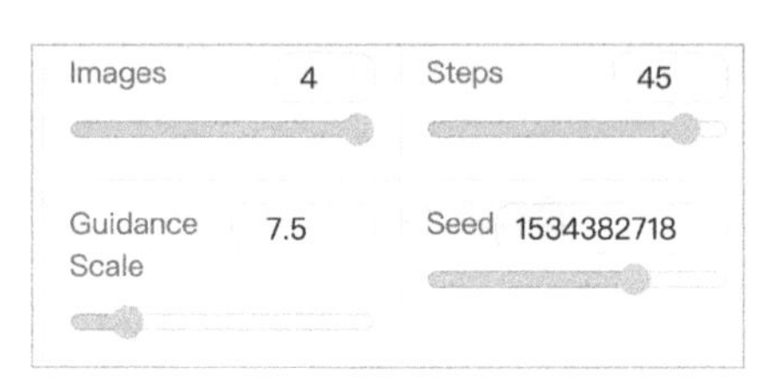

图 5-18 Stable Diffusion 的参数配置

这只是最基本的 Stable Diffusion 的用法，如果想更大限度地发挥 Stable Diffusion 的能力，你可以安装一款属于自己的 Stable Diffusion。

没错，因为 Stable Diffusion 是一个开源项目，所以你完全可以部署一款属于自己的 Stable Diffusion。Stable Diffusion 本身是一个 AI 模型。为了让 Stable Diffusion 的易用性更好一些，有人为它开发了界面，其中，最流行的莫过于 Stable Diffusion Web UI 这个项目了。通过安装 Web UI 这个项目，你就拥有了一款属于自己的 Stable Diffusion。图 5-19 就是一个安装好的 Stable Diffusion Web UI 项目。

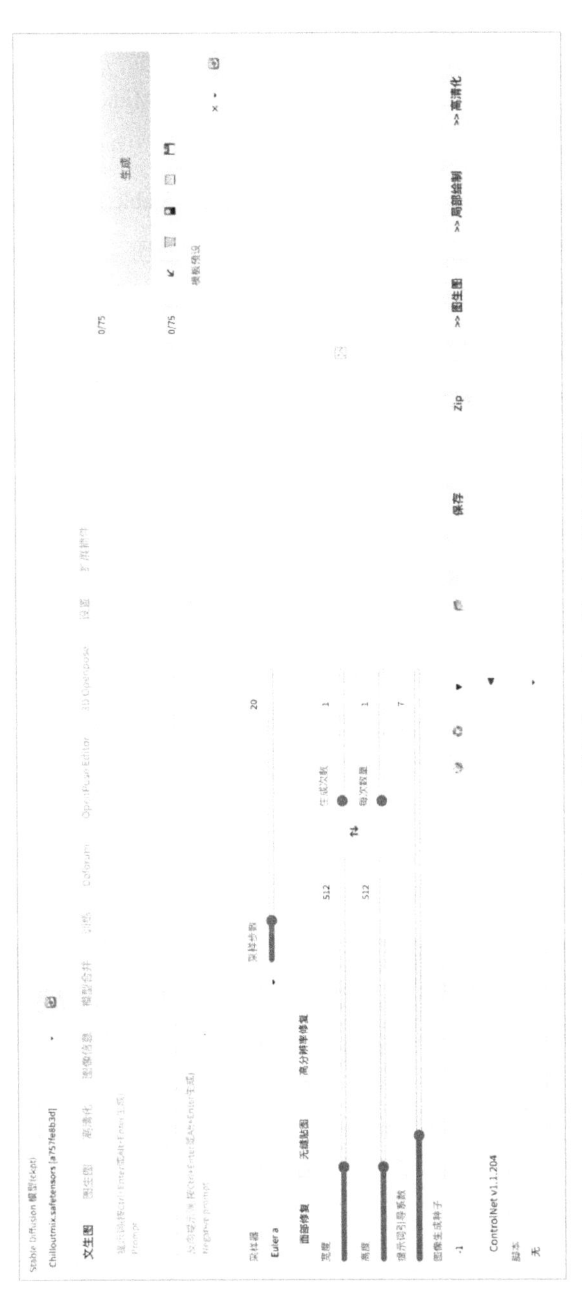

图 5-19 安装好的 Stable Diffusion Web UI 项目

不难看出，这个界面上有很多配置选项。也正是因为有了这么多的选项，Stable Diffusion 才能变得非常强大。Midjourney 拥有的能力 Stable Diffusion 同样具备，比如 Midjourney 的“图片提示”对应到 Stable Diffusion 里就是“图生图”。除此之外，Stable Diffusion 还拥有 Midjourney 不具备的能力，比如“图片的高清化处理”。

如果你是初次接触 Stable Diffusion，那么也许会觉得其生成的图片不如 Midjourney 那样精美。这其中的差异主要体现在模型上。要想取得更好的效果，需要选择更适合的模型，如图 5-20 所示。

图 5-20　Stable Diffusion 模型选择

不同的模型对应着不同的效果。如果你想拥有不同的模型，可以到 CIVITAI 官方网站上下载，这里有别人已经训练好的模型，如图 5-21 所示。下载完成后，可以将这些模型安装到本地的 Stable Diffusion 中。这样，你就拥有了不同的模型，在生成图片时，只需指定某个模型即可。

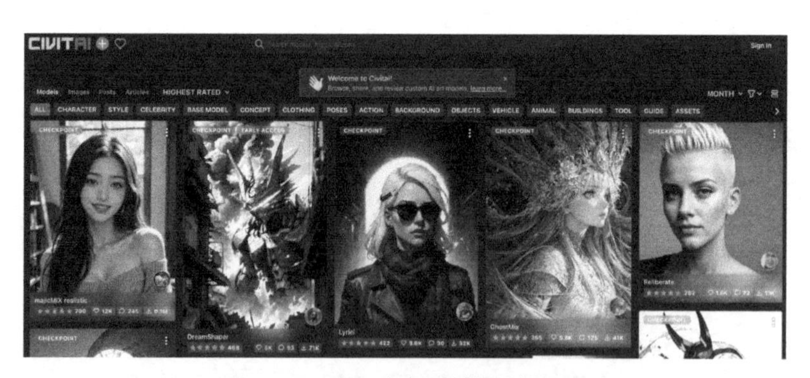

图 5-21　CIVITAI 官方网站模型浏览界面

如果你有特定的需求，那么甚至可以训练属于自己的模型。操作非常简单：只要给定几张有相似性的图片，就可以通过 Stable Diffusion 训练模型的能力，以训练属于自己的模型，如图 5-22 所示。

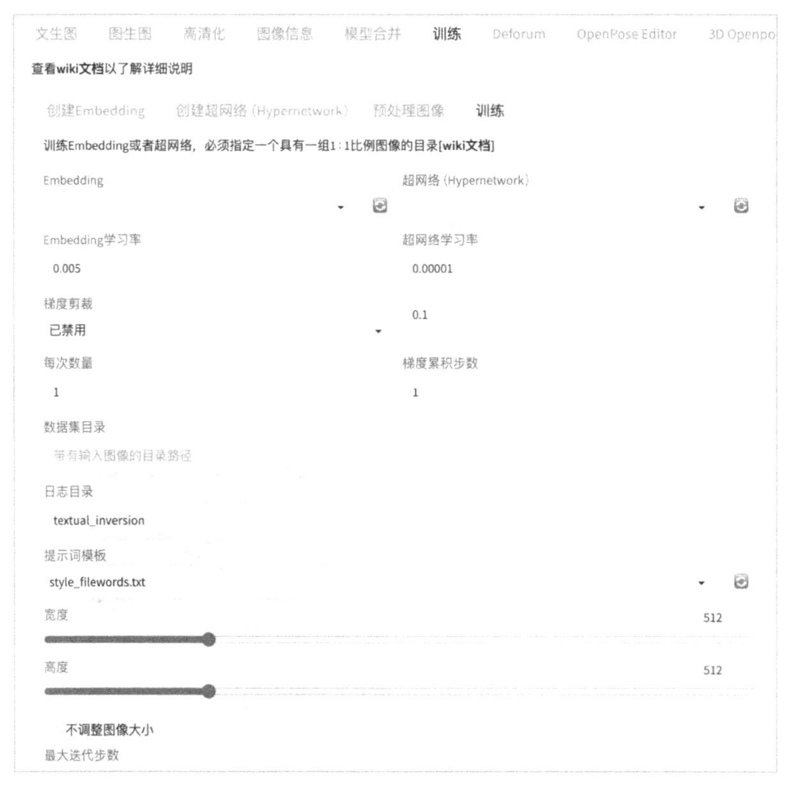

图 5-22 通过 Stable Diffusion 训练属于自己的模型

除了这些基本的能力，Stable Diffusion 还支持插件功能，这就让 Stable Diffusion 拥有了更多的扩展能力。事实上，已经有很多人贡献了不同的 Stable Diffusion 插件，如图 5-23 所示。

文生图 图生图 高清化 图像信息 模型合并 训练 Deforum OpenPose Editor 3D Openpose 设置 **扩展插件**

已安装 可用 从网址安装

应用并重启用户界面 检查更新

扩展插件	网址	版本	更新
☑ deforum-for-automatic1111-webui	https://… deforum-for-automatic1111-webui.git	c4283464 (Tue May 16 09:50:02 2023)	未知
☑ openpose-editor	https://… openpose-editor.git	0b10737e (Wed Apr 12 10:20:59 2023)	未知
☑ sd-webui-3d-open-pose-editor	https://… sd-webui-3d-open-pose-editor.git	8453fbb2 (Wed Apr 5 15:27:34 2023)	未知
☑ sd-webui-controlnet	https://… sd-webui-controlnet.git	d831043c (Mon May 15 07:18:51 2023)	未知
☑ stable-diffusion-webui-chinese	https://… stable-diffusion-webui-chinese	85f0f945 (Sat Apr 8 00:42:14 2023)	未知
☑ LDSR	built-in		
☑ 低秩微调模型(LoRA)	built-in		
☑ ScuNET	built-in		
☑ SwinIR	built-in		
☑ prompt-bracket-checker	built-in		

图 5-23　Stable Diffusion 插件扩展界面

如果你想要生成的一张图片里的人物有一个特定的姿态，那么就可以用 OpenPose Editor 编辑这个人的姿态，如图 5-24 所示。

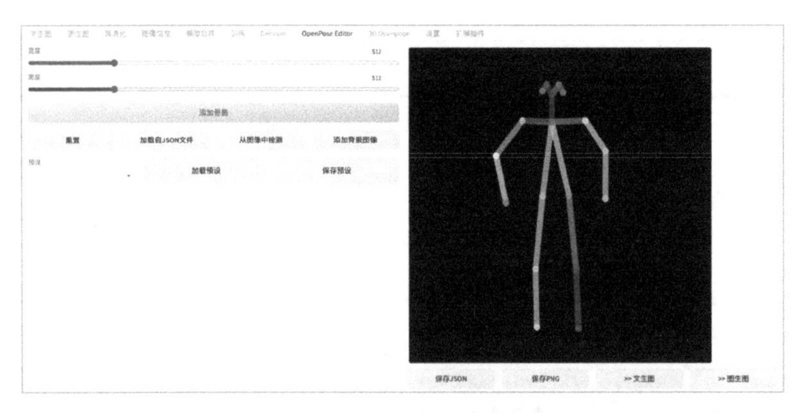

图 5-24　编辑图片里人物的姿态

然后就可以生成一张拥有这个姿态的人物形象了，如图 5-25 所示。

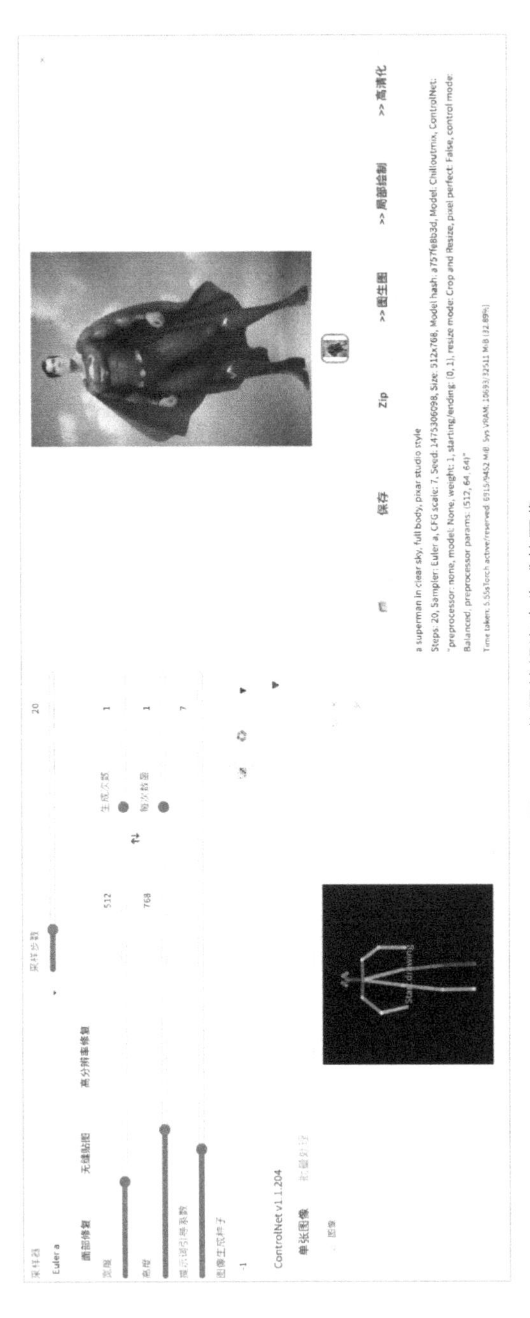

图 5-25 依照编辑姿态生成的图像

如你所见，如果说 Midjourney 是一款很容易就能做出不错的图片的精致工具，那么 Stable Diffusion 就是一款虽然入手不易，但用好了会强大无比的工具。

二、文心一言与文心一格

无论是 Midjourney 还是 Stable Diffusion，单从能力上来说都很强大，满足大多数人的需求已经绰绰有余。但是，在使用它们时，我们面临着一个问题：语言。因为 Midjourney 和 Stable Diffusion 都是通过英语训练出来的，所以要想得到好的效果，最好使用英文。如果能有一款懂得中文的 AI 绘图软件，那我们的使用门槛就会大幅降低。

幸运的是，我们已经有了这样的工具，它就是百度的大模型——文心一言。在前面的章节中，我们已经对文心一言做过介绍，它的基本使用方法与 ChatGPT 类似。不过，文心一言有一个超越 ChatGPT 的地方，即它可以根据一段文字描述直接生成一张图片，这样的能力就是 AI 绘图的能力。从技术的角度来说，这叫作“多模态”，也就是从一种形式的内容生成不同形式的内容。

图 5-26 是我与文心一言的一段对话，在这段对话里，我让文心一言生成了这样一张图片：漂浮在晴朗天空中的有未来科技感的城堡，采用 3D 渲染的效果，数字艺术风格。

从生成的效果来看，文心一言是可以大致满足我们需求的：如果只是希望做一些灵感触发的工作，那么文心一言就够用了；但如果希望把它用在生成图片的需求上，它则显得不那么够用，比如生成图片可以控制的选项没有那么丰富。

请给我生成一张图片，要求是漂浮在晴朗天空中的有未来科技感城堡，采用3D渲染的效果，数字艺术风格。

我画好了，欢迎对我提出反馈和建议，帮助我快速进步。

你可以完整描述你的需求来继续作画，如："帮我画一枝晶莹剔透的牡丹花"。

图 5-26 使用文心一言生成图片

如果说文心一言只是顺便实现了 AI 绘图的能力，那文心一格才是百度真正的 AI 绘图工具，图 5-27 展示了其官方网站界面。

图 5-27 文心一格官方网站界面

我们在前面学到的各种提示词技巧到了文心一格这里就显得如鱼得水了。如图 5-28 所示，我把同样的提示词交给文心一格，显然，它生成的图片与 Midjourney 生成的图片有异曲同工之妙。

图 5-28　文心一格官方网站生成的图片

我们可以点击并打开其中一张图片，先把这张图片放大，然后再下载保存，如图 5-29 所示。

图 5-29　将文心一格生成的图片放大并保存

文心一格还给我们提供了很多选项，比如图 5-30 就展示了它的各种绘画风格。

图 5-30 文心一格的各种绘画风格

如图 5-31 所示，文心一格中也可以有图片提示、尺寸定义等。通过这些配置，前面实战中的那些例子也可以使用文心一格来完成。

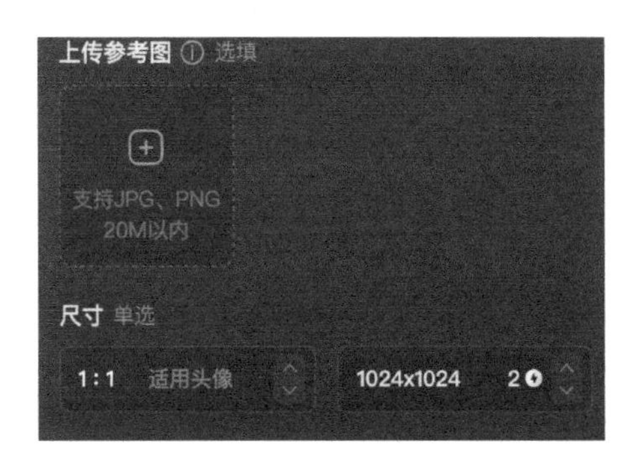

图 5-31 在文心一格中添加参考图和尺寸定义

有了文心一言和文心一格，我们就可以用中文进行创作了，这样也就可以让更多的人参与到 AI 绘图中来了。

本章小结

本章介绍了用 AI 助理绘图。首先，我们谈到了 AI 绘图的技术基础是 Diffusion 模型。然后，以 Midjourney 为例，我们介绍了 AI 绘图的基本特点。用于绘图的 AI 就是一个“艺术家”：一方面，它不擅“精确”，“记性不好”，也不擅“人际”；另一方面，它是一个见多识广、融会贯通的“小快手”。只有抓住 AI 的这些特点，让其创作擅长的作品，才能最大限度地发挥其价值。

我们还介绍了 AI 绘图的提示词，其中最核心的部分如下：

文本提示 = 主体 + 风格

对普通人来说，主体是比较容易描述的，风格则是一个挑战。我们既可以通过学习创作好的作品来了解不同的风格，也可以借助一些网站工具来找到对应的风格。

虽然每款 AI 绘图工具会有所差异，但基本逻辑是类似的，其核心就是 AI 的绘图模型。Midjourney 提供了行业内比较好的模型，默认就能生成不错的图片，而使用 Stable Diffusion，我们需要根据自身所需选择合适的模型。在创作的过程中，我们既可以提供既有图片作为参考，也可以根据需要进行各种参数的配置。不同的是，Midjourney 是通过把这些内容附加在提示词中实现的，而 Stable Diffusion 是通过配置选项实现的。

除了一些基本能力，Stable Diffusion 还提供了如模型训练、姿态调整（通过插件扩展）等更多的能力。

最后，我们还介绍了文心一言和文心一格，这是中文的 AI 绘图工具，二者最大的优势是降低了大部分中国人使用 AI 进行绘图的门槛。

AI 绘图助理的基础知识并不复杂，但如果想用好它，那么依然需要不断进行练习和尝试，这样它才能从一个玩具变成真正提升我们工作效率的工具。

第6章

用ChatGPT制作演示文稿

06

第 1 节 用 ChatGPT 辅助制作 PPT 的方法

通过 ChatGPT 生成 PPT 的方法有很多，比如直接向 ChatGPT 查询 PPT 的调整方法、生成 Markdown 语法文档、使用第三方插件等。下面我们一一进行介绍。

一、如何利用 ChatGPT 熟悉 PPT 的基本操作

如果你正在使用 PPT，但遇到了问题，那么就可以直接向 ChatGPT 进行询问。

如何更改 PPT 中的文本框大小和位置?

您可以按照以下步骤更改 PPT 中文本框的大小和位置。

(1) **选择要更改的文本框。**在 PPT 中选择要更改的文本框，点击选定框选中文本框。

(2) **更改文本框的大小。**将鼠标悬停在文本框的边缘或角落上，当鼠标光标变成双向箭头时，点击并拖动文本框以调整其大小。

(3) **更改文本框的位置。**点击选定框中的文本框，按住鼠标左键并将文本框拖动至新的位置。

(4) **保存更改。**完成更改后，保存更新的 PPT 文件。

如何在 PPT 中添加图片或图标?

如果您想要在 PPT 中添加图片或图标，以下是一些简单的步骤。

(1) **在 PPT 中选择“插入”**。打开 PPT 幻灯片，点击“插入”选项卡，选择“图片”或“图标”选项。

(2) **插入图片**。如果你要插入图片，则需要选择要插入的图片文件。一旦你从文件浏览器中选择了文件，图片就会被添加到你的 PPT 中。

(3) **插入图标**。如果你要插入图标，则需要搜索图标库（比如内置的 Microsoft Office 图标库或在线的选项），然后找到要插入的图标并点击“插入”。

(4) **调整图片或图标的大小和位置**。当你在幻灯片上添加了图片或图标后，可以通过按住鼠标左键并进行拖动的方式来更改图片或图标的大小和位置。

(5) **保存更改**。完成更改后，记得保存您的 PPT 文件。

如何在 PPT 中创建幻灯片过渡效果?

您可以按照以下步骤在 PPT 中创建幻灯片过渡效果。

(1) **选择要添加过渡效果的幻灯片**。在 PPT 中选择你要添加过渡效果的幻灯片。

(2) **点击“幻灯片转换”选项卡**。找到“幻灯片转换”选项卡，该选项卡包含一系列幻灯片过渡效果。

(3) **选择过渡效果**。浏览可用的过渡效果和效果选项，选择你喜欢的过渡效果。

(4) **自定义过渡效果选项**。您可以根据需要自定义幻灯片过渡效果的选项，比如幻灯片自动切换时间的长短、幻灯片过渡方式以及是否应启用声音效果。

(5) **预览效果**。在选择和设置幻灯片过渡效果后，您可以点击“预览”按钮，查看幻灯片的效果。

(6) **应用过渡效果**。如果您满意所选的过渡效果，请点击“应用到所有幻灯片”按钮，以将传输方案应用到整个 PPT 中。

(7) **保存更改**。完成更改后，保存您的 PPT 文件。

二、ChatGPT 生成 PPT 的高阶用法：Markdown 语法

Markdown 是一种轻量级的标记语言，可用于快速格式化以及排版文本。它具有易读、易写且易于学习的特点，可以将文本转换为 HTML、PDF 等格式。Markdown 可以在不使用复杂的 HTML 标记的情况下创建美观的文档和博客，并可以在许多在线平台（如 GitHub 和 Stack Overflow）上使用。当然，它也可以快速帮我们生成 PPT。

我们只需通过自然语言让 ChatGPT 生成 Markdown 格式的文档结构（相当于给 PPT 搭了骨架），再通过 PPT 自带的页面美化功能，自动为 PPT 排版、配图美化即可。

1. Markdown 的基本语法

- 使用 # 来表示标题，# 的个数决定了标题的级别，最多可以使用 6 个 # 来表示六级标题。
- 使用 * 或 _ 来表示斜体，比如 * 这是斜体 *，或者 _ 这是斜体 _。
- 使用 ** 或 __ 来表示粗体，比如 ** 这是粗体 **，或者 __ 这是粗体 __。
- 使用 ~~ 来表示删除线，比如 ~~ 这是删除线 ~~。
- 使用 [文本](链接) 来表示超链接，比如 [百度](https://www.baidu.com)。
- 使用 `![ 文本 ]( 图片链接 )` 来表示图片，比如 `![logo](https://www.baidu.com/img/bd_logo1.png)`。
- 使用 ` ` 来表示行内代码，比如 `print("Hello, world!")`。
- 使用 ` ` 来表示代码块，可以在第一个 ` 后面加上代码的语言，比如 `python print("Hello, world!")`。

2. Markdown 的扩展语法

除了基本的语法，Markdown 还有一些扩展的语法，可以让你的文本更加丰富和美观。

- 使用 - 或者 * 来表示无序列表，每个列表项占一行，并且在符号后面加上一个空格。

  - 这是第一个列表项

  - 这是第二个列表项

  - 这是第三个列表项

- 使用数字和点号来表示有序列表，每个列表项占一行，并且在点号后面加上一个空格。

  1．这是第一个列表项

  2．这是第二个列表项

  3．这是第三个列表项

- 使用 > 来表示引用，可以嵌套使用多个 > 来表示多级引用。

  > 这是一级引用

  >> 这是二级引用

  >>> 这是三级引用

- 使用 | 和 - 来表示表格，每行用 | 分隔单元格，第一行为表头，第二行用 - 表示分隔线，可以在 - 前后加上 : 来表示对齐方式，默认为左对齐，左右都加 : 为居中对齐，右边加 : 为右对齐。

姓名	年龄	性别
张三	18	男
李四	19	女
王五	20	男

- 使用$来表示数学公式，可以使用LaTeX语法来编写复杂的公式。

  $E=mc^2$

3. Markdown 的优势和局限性

Markdown 的优势在于它的简洁性和易读性，你可以使用任何文本编辑器来编写Markdown文档，并且很容易转换成HTML或者其他格式。Markdown 也适用于编写博客、文档、笔记等内容。Markdown 的局限性在于其功能有限，不能实现一些复杂的排版效果。

三、如何用 ChatGPT 生成 Markdown 语法格式的文档

使用ChatGPT生成Markdown代码相对比较直接。你只需告诉ChatGPT想要生成的Markdown的具体内容和格式即可。以下是一些步骤。

(1) **确定你的需求**。你需要明确想要生成的Markdown代码的具体内容和格式。例如，你可能想要生成一个包含标题、子标题、列表、链接和图片的Markdown文档。

(2) **向 ChatGPT 描述你的需求**。你可以向ChatGPT描述你的需求。例如，你可以说："我需要一个Markdown文档，其中包含一个一级标

题‘我的项目’、一个二级标题‘项目描述’、一个无序列表（包含‘项目 1’‘项目 2’和‘项目 3’），以及一个链接到我的 GitHub 项目的链接。”

(3) **查看和修改生成的代码**。ChatGPT 将根据你的描述生成 Markdown 代码。你可以查看生成的代码，如果有任何需要修改的地方，可以告诉 ChatGPT 进行修改。

四、如何在 PPT 中插入 Markdown 代码

只需 4 步，即可在 PPT 中插入 Markdown 代码。

(1) 将 ChatGPT 生成的 Markdown 格式的大纲需求复制到 Word 文档中。

(2) 在 Word 文档中细化调整标题和子标题，确保使用正确的标题级别和选项来划分和组织你的文档，以便在 PowerPoint 中将其正确地转换为幻灯片。

- 选中要设置的标题。
- 选择“开始”选项卡，并找到“样式”组。
- 点击标题级别按钮（如“标题 1”），以将标题设置为所选级别。
- 重复上述步骤，对其他标题进行设置。
- 保存 Word 文档，并命名为“大纲”。

(3) 在 PowerPoint 中新建幻灯片，并选择“从大纲创建幻灯片”功能。选择名为“大纲”的 Word 文件作为源文件，并按照提示进行操作。PowerPoint 会自动将文件转换为幻灯片，其中包括所需的标题和文本内容。

- 打开 PowerPoint，选择“文件”→“新建”。
- 在“新建演示文稿”对话框中，选择“从大纲创建幻灯片”。
- 导航到包含名为“大纲”的 Word 文件所在的位置并打开文件。
- 在“从大纲创建幻灯片”对话框中选择所需的布局和样式。
- 点击“创建”按钮。

(4) 在 PowerPoint 中使用“设计”功能和“设计师”功能来进一步优化幻灯片的样式和外观。

- 选择要更改样式的幻灯片，然后前往“设计”选项卡。
- 在“主题”区域中，可以选择不同的幻灯片主题、字体、配色和背景样式。
- 在“变体”区域中，可以选择不同的主题变体，以进一步改善幻灯片的外观。
- 在“设置”区域中，可以调整幻灯片的大小、方向和比例。
- 在“设计师”区域中，可以使用自动图形建议、排版和颜色方案，以自动化和简化幻灯片的设计。

总而言之，使用 ChatGPT 和 PowerPoint 可以快速生成一张美观而富有条理的幻灯片。确保使用 Markdown 格式的大纲需求，并将 Word 文档命名为“大纲”，以便在 PowerPoint 中更轻松地将其转换为幻灯片。使用“设计”功能和“设计师”功能可以简单而有效地优化幻灯片的样式和布局，使其更加吸引人和易于理解。

第 2 节 实战演练：用 ChatGPT 快速制作 PPT

一、生成一份销售报告

小张是一家贸易公司的销售经理，他需要向公司的上级领导和客户展示公司上个月的销售报告。时间很紧，他决定使用 ChatGPT 和 PowerPoint 来迅速制作一份销售报告 PPT。

请生成一份介绍上月销售业绩的大纲，包括总销售额、产品销售情况、客户销售情况和区域销售情况。

上月销售业绩大纲

总销售额

- 上月总销售收入
- 销售同比增长比例

产品销售情况

1. 产品 A 销售情况

- 产品 A 的销售金额、销量、销售占比等关键指标

```
2. 产品 B 销售情况

- 产品 B 的销售金额、销量、销售占比等关键指标

## 客户销售情况

- 客户数量、数量占比、销售份额

## 区域销售情况

1. 区域 A：

- 区域 A 总销售额、销售同比增长比例

2. 区域 B：

- 区域 B 总销售额、销售同比增长比例
```

首先，小张将以上内容复制并粘贴到了 Word 文档中以进行编辑和格式化。根据 Word 文档中的标题级别，他将“上月销售业绩大纲”设置为“标题 1”，将“总销售额”“产品销售情况”“客户销售情况”和“区域销售情况”设置为“标题 2”，以形成一份层次分明的大纲。他又将该 Word 文档保存为了名为“上月销售业绩大纲”的文件。

然后，他打开了 PowerPoint，选择“从大纲创建幻灯片”选项，在弹出窗口中选择刚刚存储的名为“上月销售业绩大纲”的 Word 文档作为源文件。他选择了合适的布局选项，比如“标题和内容”，并点击“创建”。

PowerPoint 会自动将大纲转换为 PPT，其中包括所需的标题和标题下的文本内容。我们可以根据需要调整文本格式（如字体和大小），以确保 PPT 易于阅读。现在，在小张的 PPT 中你会看到如下内容。

- 第 1 页是公司的总销售额数据，包括上月总销售收入和销售同比增长比例的详细情况。

- 第 2 页是产品销售情况数据，分别展示了产品 A 和产品 B 上个月的销售金额、销量、销售占比等关键指标，使用饼图和折线图分别可视化了数据。
- 第 3 页是客户销售情况数据，包括客户数量、数量占比和销售份额，以便上级领导和客户更细致地了解公司的客户销售情况。
- 第 4 页是区域销售情况数据，详细展示了各个区域的总销售额和销售同比增长比例，并在地图上用不同视觉元素突出强调了各个区域的数据差异性。

小张还添加了其他内容（如表格、图形和图表），以更好地展示销售数据和趋势。不过，在添加这些内容之前，需要考虑数据和表格的布局和设计。

可以使用 PowerPoint 的内置图表和图形来可视化和支持数据。首先，选择要添加图表或图形的 PPT。然后，前往“插入”选项卡，在“图表”或“图形”组中选择所需类型。接下来，点击“图表”或“图形”，并选择“编辑数据”，在弹出的 Excel 表格中输入正确的数字和数据。

最终，小张通过调整幻灯片布局、颜色、字体等元素，使 PPT 看起来更加专业和清晰了。他在预演之后认为该 PPT 已经非常完整且符合预期，可以轻松传递给其他人了。整个制作过程只花了半小时，但凭借 ChatGPT 和 PowerPoint，小张学会了如何高效、快速地制作 PPT。

二、生成一份培训课程

小李是一家培训机构的课程设计师，负责为各种专业领域的学员设计课程，以确保他们获得最相关且实用的知识和技能。时间非常紧迫，因为每天都有数百名学员等待他精心设计的培训课程。小李深知 ChatGPT 和 PowerPoint 的潜力，因此决定使用这些工具生成一份培训课程的 PPT，以提升工作效率。

请生成一份介绍手工制作木工品的课程大纲，包括课程简介、材料介绍、工具演示、技术说明、项目实战和结束语。

手工制作木工品课程大纲

课程简介

- 介绍木工制作的基本概念和目的
- 告诉学习者将学到哪些技能和知识
- 提供课程时长和时间安排

材料介绍

- 简述不同的木材类型和它们的特点
- 展示如何在制作过程中保留相应的木材特性
- 解释如何选购和贮存木材，以便它们可以保持良好状态

工具演示

- 简述不同工具的用途
- 介绍每种工具，包括锯子、钻机、木工刨子、砂纸等
- 展示如何正确且安全地使用每种工具

技术说明

- 简述不同的木工技术，比如切割、雕刻、钻孔等
- 演示每种技术的基本步骤，以及如何结合工具来使用
- 提供一些实际的小型项目和练习

项目实战

- 提供一个基本设计的项目进行演示和指导，比如制作一把木质镊子、一个书架等
- 演示如何根据生活需求设计和制作不同种类的木工品
- 提供必要的帮助和指导，确保学生能够成功完成他们的木工品

结束语

在课程结束时，对学生的学习成果进行总结评估，并提供反馈和建议。同时，邀请学生参与下一个设计的实践和制作，以巩固所学到的知识和技能。

首先，小李将上述大纲复制并粘贴到了 Word 文档中。根据 Word 文档中的标题级别，他将“手工制作木工品课程大纲”设置为“标题 1”，将“课程简介”“材料介绍”“工具演示”“技术说明”“项目实战”和“结束语”设置为“标题 2”，以形成一份层次分明的大纲。他又将该 Word 文档保存为了名为“手工制作木工品课程大纲”的文件。

然后，小李打算使用 PowerPoint 来将上述内容转换为 PPT。他选择了“适当的主题和布局”选项，以确保每个主题都能得到应有的关注。为了使 PPT 更易于阅读，他还在其中包含了相应的图表和图形来突出重点。

接下来，小李又在 PPT 中添加了一些附加信息（如教师介绍和课堂规则），以便与学员建立联系。另外，他还加入了一些互动元素（如小组活动、个人参与等），以帮助学员更好地掌握课程知识和技能。

在完成 PPT 的设计后，小李对其进行了多次修改和编辑，并根据需要添加了更多的内容和细节。他还考虑了学员在视觉上的体验，通过选择符合学习主题和颜色的方案来提高 PPT 的吸引力，并在课程的每个主题之间使用适当的转换动画来产生顺畅的过渡效果。

最终，小李使用 PowerPoint 将 PPT 转换为了可选用的 PDF 或下载的版本，以确保学员在需要时可以随时回顾课程内容。使用 ChatGPT 和 PowerPoint，小李成功地缩短了制作培训课程的时间，提升了工作效率。同时，由于 PPT 很好地呈现了每个主题和零部件的内容，因此学员在完成课程后可以获得最相关和实用的知识和技能。

三、编写公司介绍

小赵是一家创新科技公司的市场部经理，他需要向高层管理人员和潜在投资者展示公司的核心价值、业务模式和市场前景。他决定利用 ChatGPT 和 PowerPoint 来快速制作一份公司简介的 PPT。

请生成一份公司简介大纲，包括公司使命、业务模式、市场前景和公司历程。

公司简介大纲

公司使命

- 公司的核心使命和价值观
- 公司致力于解决的问题或提供的解决方案

业务模式

- 公司的核心产品或服务
- 公司的盈利模式和商业策略

市场前景

- 行业市场规模和增长趋势
- 公司在市场中的竞争优势和定位

公司历程

- 公司的发展历程和重要里程碑
- 公司的成就和荣誉

首先，小赵将上述内容复制并粘贴到了 Word 文档中以进行编辑和格式化。根据 Word 文档中的标题级别，他将“公司简介大纲”设置为“标题 1”，将“公司使命”“业务模式”“市场前景”和“公司历程”设置为“标题 2”，以创建一个清晰的层次结构。他又将 Word 文档保存为了名为“公司简介大纲”的文件。

然后，他打算将上述内容转换为 PPT。他打开了 PowerPoint，选择“从大纲创建幻灯片”选项，并选择之前保存的“公司简介大纲”文档作为源文件。他选择了合适的布局选项，比如“标题和内容”，然后点击“创建”。小赵在该 PPT 中展示了以下内容。

- 第 1 页是公司的使命和价值观，强调了公司致力于解决的问题或提供的解决方案。
- 第 2 页介绍了公司的业务模式，展示了核心产品或服务，以及盈利模式和商业策略。
- 第 3 页展示了市场前景，包括行业市场规模和增长趋势，以及公司在市场中的竞争优势和定位。
- 第 4 页是公司的发展历程和重要里程碑，展示了公司的成就和荣誉。

小赵还添加了其他内容，以更好地展示公司的业务和发展情况。他使用 PowerPoint 的内置工具插入了图片、图表和图形，然后又调整了布局和设计，使 PPT 更具吸引力且信息清晰度更高。

最后，小赵通过调整幻灯片的布局、颜色、字体等元素，使 PPT 看起来更加专业和精美了。经过预演，他确认该 PPT 已经相当完整且符合预期，可以轻松传递给其他人了。整个制作过程只花了不到一小时，但凭借 ChatGPT 和 PowerPoint，小赵学会了如何高效、快速地制作 PPT。

四、快速生成个人简历

小王是一名工程师，他正在寻找新的就业机会。他非常清楚，随着竞争的日益激烈，制作一份能充分说明他的技能和工作经验的 PPT 简历，将会为他带来面试机会。但是，考虑到时间和能力问题，他决定使用 ChatGPT 和 PowerPoint 来制作这份个人简历 PPT。

请生成一份个人简历大纲，包括个人介绍、工作经验和教育背景。

个人简历大纲

个人介绍

- 人生理想和追求
- 工作经验和成就
- 技能和背景

工作经验

- 公司名称
- 工作时间
- 工作职责和成就

教育背景

- 学校名称
- 学位和专业

首先，小王将上述大纲转换成了 PPT 幻灯片，根据需要添加了图表、图像和统计数据，以支持他的工作经验和技能。他还调整了幻灯片的布局、字体和颜色，以使其更专业、易于阅读和记忆。

然后，小王使用 PowerPoint 的内置模板快速制作出了他的个人简历 PPT。他选择的是一个面板式的布局，以便使用不同的幻灯片板块来突出不同的信息和经验。对于每个板块，他确定了文本、图像和数据显示的位置，以便显示他的技能和经历。

在制作 PPT 时，小王还照顾到了观众的视觉体验和易读性，他选择了相应的主题和颜色方案，以使该 PPT 的视觉效果美观而协调。在加入了一定量的教育背景和技能信息后，小王还加入了其他一些亮点内容（如表格、图表和轮廓分明的图像），以增强 PPT 的吸引力。

最终，小王快速使用 ChatGPT 和 PowerPoint 制作并完善了他的个人简历 PPT，该 PPT 清晰地传达了他的工作经验、技能和能力，并为面试提供了备选方案。

第 3 节 配合 ChatGPT 的第三方工具

除了直接使用 ChatGPT，我们还可以使用基于 ChatGPT 的第三方插件。

一、ChatPPT

ChatPPT 是一款专注于高效制作 PPT 的工具，主要用于帮助用户解决时间紧迫、缺乏设计经验或创意的 PPT 制作难题。通过 AI 技术，ChatPPT 可以根据用户的创作意图快速生成、美化和优化 PPT，同时提供辅助写作和演讲备注功能。这款产品的优势在于其强大的自动化能力，能够显著减少 PPT 制作时间，同时提供专业水平的设计和内容质量，非常适合需要快速制作高质量 PPT 的专业人士和学生。如图 6-1 所示，下面我们将结合 ChatPPT 的官方文档对其功能展开详细介绍。①

图 6-1　ChatPPT 官方网站界面

目前，ChatPPT 的使用方式分为以下两种：在线体验版和 Office 插件版。

(1) **在线体验版**。提供在线 AI 生成 PPT 服务，支持在线生成基础 PPT 文档、预览与下载。

在线体验版提供的功能主要有 3 种：内容风格、色彩语言和文件转 PPT，如图 6-2 所示。

图 6-2　ChatPPT 在线体验版提供的 3 种功能

如图 6-3 所示，这里我们以“大学生如何做职业规划”为主题，用 ChatPPT 做一份 PPT。

图 6-3　用 ChatPPT 做一份 PPT

接下来，ChatPPT 内置的 AI 会开始解析并生成一份 PPT 模板，如图 6-4 所示。

图 6-4　正在解析并生成 PPT 模板

如图 6-5 所示，对于 ChatPPT 生成的这份主题 PPT，在格式和内容上我们只需做一些微调即可。

图 6-5 AI 生成后的 PPT 内容

在线创建完成后，可以选择下载对应的格式，ChatPPT 支持的下载格式包括 PDF、长图和 pptx，如图 6-6 所示。

图 6-6 选择下载格式

(2) **Office 插件版**。在微软 Office 与 WPS 上提供完整的 AI 生成 PPT 功能。目前只支持在 Windows 系统的计算机上安装。安装完成后，会在 Office 软件中出现“ChatPPT”的快捷操作按钮，而且还会出现唤起 ChatPPT AI 助手的按钮。

插件版的功能更加全面和强大，而且拥有更多非常强大的指令。以下是一些主要的指令类型。

- **生成类指令**。可以根据用户输入的创作意图生成完整的 PPT 文档。支持多种文件类型（如 Word、PDF、TXT、脑图文件等）导入以及网页链接。
- **美化类指令**。更换模板，设置字体，文本格式，主题色变更，排版调整，图片、词云、图表的插入等。
- **辅写类指令**。提供续写、润色、改写、精炼、扩写等辅助写作功能。
- **演讲备注类指令**。用于生成与 PPT 相关的演讲稿或备注内容。
- **演示类指令**。添加动画效果，以增强 PPT 的视觉效果。
- **分享类指令**。支持将 PPT 文档导出为可分享的格式，比如长图、样机、PDF 等。

二、Marp

Marp 是一个轻量级的 Markdown 报告生成器，具有将 Markdown 格式的文本转换为幻灯片的功能。Marp 是专为 VS Code 设计的插件，可以帮助用户方便地创建幻灯片。基于 Markdown 语言，Marp 允许用户以简单的文本格式创建内容丰富的幻灯片。

用户只需使用 Markdown 格式编写文档，然后通过 Marp 将其转化为 HTML、PDF 或 PPT 格式的幻灯片。Marp 支持多种自定义选项，包括设置幻灯片的主题、背景色等。此外，Marp 是开源的，所有人均可查看和修改其源代码。

作为一个开源项目，Marp 的所有组件（包括 Marp for VS Code、Marp CLI 以及 Marpit）都可以从其 GitHub 项目页面免费下载。下载完相应的安装包后，按照说明进行安装即可。安装完成后，就可以运用 Markdown 语法在 Marp 中创建幻灯片了。例如，可以使用标题符号 # 创建标题，使用 - 生成列表。如果要添加第二张幻灯片，那么只需在 Markdown 文件中加入 `---`，即可告知 Marp 在此创建新的幻灯片。

Marp 还支持一系列高级功能，比如更改幻灯片的主题、长宽比，以及自定义样式。通过在文件头部的 YAML 命令区输入命令键 - 值对或使用 HTML 注释的方式可以设置主题、长宽比、背景颜色等。`<!-- fit -->` 命令用于标题自适应，可放在 Markdown 标题 # 后，以使标题自动填充幻灯片的大小，这适用于首页大标题等场景。对于更复杂的样式，甚至可以使用 CSS 样式表进行个性化定制。[2]

在 VS Code 中可以随时预览 Marp 幻灯片。幻灯片制作完成后，点击编辑器右上角的 Marp 图标按钮，可以调出 Export Slide Deck 命令并导出幻灯片。Marp 支持将幻灯片导出为 PPTX 格式、PDF 格式和 HTML 格式。

三、Slidev

Slidev 是一款基于 Vue 3 的现代幻灯片演示工具，可以帮助用户制作出丰富、多样化且高质量的演示文稿。而 Vue 3 是一个现代的 JavaScript 库，在创建用户界面方面具有强大的能力。

Slidev 不仅灵活、可个性化定制，还具有易用性和可组合性，可以自定义多种设计、交互和动画的效果。

Slidev 具有优秀的渲染性能并广受开发者社区支持。同时，Slidev 具有丰富的组件、插件和主题，可以轻松地将多种复杂元素集成到演示文稿中，并有多种出色的主题可供选择，以让演示文稿充满吸引力，从而为观众留下深刻印象。

Slidev 适用于演讲、研讨会、培训等各类需要使用幻灯片展示内容的场景，尤其适用于需要展示高质量、专业和独立的演示文稿的场景。另外，Slidev 还可用于在线授课、屏幕录制、团队协作等多种应用场景。

如需安装 Slidev，可以参考 Slidev 的官方文档提供的安装指南进行操作，安装过程中需要安装 Node.js，并使用 `npm` 命令进行 Slidev 的安装和初始化。

安装完成后，可以使用 Slidev 官方提供的命令 `npx slidev create <project-name>` 创建一个新的演示文稿项目，其中 `project-name` 表示项目名称。创建完成后，进入项目目录，执行 `npm run dev` 命令即可预览 Slidev 演示文稿的效果。

在 Slidev 的演示文稿项目中可以添加各种元素，比如文本、代码、图像、数据图表、媒体文件等。你可以通过编辑 slides.md 文件来添加和修改元素内容，也可以使用 Markdown 语法进行排版和文本修饰。如果需要添加图片、音频、视频等元素，那么可以将其放置在项目目录下的 public 文件夹内，并在 slides.md 中调用。

Slidev 还提供了多种动画效果和转场效果，这可以通过在 slides.md 文件中增加特定的 Markdown 标记来实现。例如，你可以设置页面出现时的渐入、缩放等特效，还可以通过注册组件的方式来实现自定义转场效果等。

创建完幻灯片演示文稿后，既可以使用 Slidev 提供的命令进行幻灯片导出，也可以将演示文稿直接分享给观众。导出形式包括 PDF、PNG、HTML 等多种格式。另外，还可以使用 Slidev 提供的 `--build` 命令构建出演示文稿的静态网站版本，以用于在其他地方进行展示和分享。

总而言之，Slidev 是一款适用于现代演讲的幻灯片演示工具，具有易用性、可定制性等特点，适用于各种应用场景，并在开发者社区和使用者中拥有广泛的支持和认可。[3]

四、闪击 PPT

闪击 PPT 是一款高效的幻灯片创作工具，能迅速生成引人注目的 PPT 文档。结合使用 ChatGPT 和闪击 PPT，我们可以轻松创作出最专业的演示文稿。[4] 以下是详细步骤。

(1) **利用 ChatGPT 生成 PPT 文档的内容**。向 ChatGPT 提供关键词或句子，根据这些输入内容生成涵盖产品介绍、技术解释、市场分析等多方面信息的 PPT 文档内容。

(2) **将 ChatGPT 生成的内容粘贴到闪击 PPT 中**。在闪击 PPT 中，选择合适的模板，将 ChatGPT 生成的内容嵌入到模板中相应的位置。闪击 PPT 提供了各种形式的模板，我们可以根据自己的需求自由选择。

(3) **调整 PPT 文档的格式和排版**。在将内容粘贴到闪击 PPT 中后，我们可以根据自己的需求调整文档格式和排版。我们不仅可以修改文字的字体、大小、颜色等，还可以添加图片、图表、视频等元素，以使 PPT 文档更加生动和多彩。

(4) **存储和分享 PPT 文档**。对于制作完成的 PPT 文档，我们既可以将其保存为 PPT 格式以方便未来编辑，也可以将其转换为 PDF 格式以方便与他人共享或用于印刷。

总而言之，利用闪击 PPT，我们可以快速、轻松地创建出令人印象深刻的演示文稿。

本章小结

本章主要探讨了如何使用 ChatGPT 制作演示文稿，特别是 PPT。首先，本章介绍了利用 ChatGPT 辅助制作 PPT 的基本方法，包括直接向 ChatGPT 查询 PPT 的调整方法、生成 Markdown 语法文档等。然后，通过实战演练的形式，本章详细展示了如何快速利用 ChatGPT 生成高效的 PPT，这不仅提升了制作效率，也提升了演示文稿的专业度和创意性。最后，本章列举了几款基于 ChatGPT 的第三方插件，通过使用这些插件，我们也可以快速、轻松地创建出令人印象深刻的演示文稿。

演示文稿的制作是现代职场中常见的工作内容，熟练掌握相关技能可以帮助每一位职场人更加高效地完成工作任务。ChatGPT 的应用不仅简化了演示文稿的制作过程，还赋予演示文稿更多创新元素，对任何需要进行有效沟通和信息传递的专业人士来说，这都是极为宝贵的技能。需要注意的是，在使用 AI 助理的过程中，用户仍然需要对最终的演示文稿进行审查和调整，以确保其符合公司或团队的标准和风格。

第
7
章

用 AI 助理处理数据

·
·
·

07

第 1 节 用 ChatGPT 直接操作 Excel 对象

虽然目前 ChatGPT 还不能植入 Excel，但是我们可以通过它来查询 Excel 公式，生成 VBA 代码，直接控制 Excel。例如，你可以使用 VBA 编写一个宏来自动填充一系列单元格，或者生成数据透视表。尽管 ChatGPT 在生成代码方面表现出色，但它并不是一个专门的编程助手，因此其生成的代码可能需要进一步优化或修改才能满足特定需求。在使用任何由 AI 生成的代码之前，都应该进行充分的测试和审查。

一、用 ChatGPT 查询 Excel 函数

可以直接使用 ChatGPT 来查询 Excel 函数。具体操作分为以下两种情况。

情况一：如果知道使用哪个函数，但不知道具体的用法，那么可以执行以下步骤。

(1) 在与 ChatGPT 对话的应用程序或 Web 页面中提出你想要了解的函数的名称，比如“请告诉我如何使用 VLOOKUP 函数。”或“请给我一些关于 SUMIF 函数的示例。”

示例 1 对于 VLOOKUP 函数，你可以问："如何在 Excel 中使用 VLOOKUP 函数？"

示例 2 对于 SUMIF 函数，你可以问："如何在 Excel 中使用 SUMIF 函数进行条件求和？"

(2) ChatGPT 将根据你的指令提供适当的响应，并可能会给出有关函数的详细信息、语法和使用方法。

示例 1 ChatGPT 可能会回答："VLOOKUP 函数用于在表格中查找某个值，并返回其相应的值。它的语法是 VLOOKUP(lookup_value,table_array,col_index_num,[range_lookup])，其中，lookup_value 是要查找的值，table_array 是要搜索的表格范围，col_index_num 是要返回的列，[range_lookup] 是可选的逻辑值，用于确定是否要使用近似匹配。您可以在参数和示例中查看更多细节。"

示例 2 ChatGPT 可能会回答："SUMIF 函数用于根据某个条件，对符合条件的单元格范围进行求和。它的语法是 SUMIF(range,criteria,[sum_range])，其中，range 是要检查的范围，criteria 是要检查的条件，[sum_range] 是要加总的范围（可选）。您可以在参数和示例中查看更多细节。"

(3) 如果需要更详细的帮助，请明确提出你的问题。

例如，你可以要求 ChatGPT 提供关于 VLOOKUP 函数特定应用的示例，或使用 SUMIF 函数来执行不同的条件求和。

情况二：如果只知道执行哪种操作，但不知道使用哪个函数，那么可以执行以下步骤。

(1) 在与 ChatGPT 对话的应用程序或 Web 页面中提出你想要执行的操作，比如“如何在 Excel 中计算平均值？”或“如何在 Excel 中查找最大值？”

示例 1 你可以问：“如何在 Excel 中计算一组数字的平均值？”

示例 2 你可以问：“如何在 Excel 中找到一列数字的最大值？”

(2) ChatGPT 将尝试理解你的请求并会给出适当的响应，它可能会提供可用的函数列表以及使用它们的详细说明。

示例 1 ChatGPT 可能会回答：“您可以使用 `AVERAGE` 函数来计算一组数字的平均值。此函数的语法是 `AVERAGE(number1,[number2],…)`。您可以在参数和示例中查看更多细节。”

示例 2 ChatGPT 可能会回答：“您可以使用 `MAX` 函数来查找一列数字的最大值。此函数的语法是 `MAX(number1,[number2],…)`。您可以在参数和示例中查看更多细节。”

(3) 如果需要更多帮助，请进一步阐述问题并明确要求。

例如，你可以问：“如何使用递归公式查找包含最大值的数据行？”

二、用 ChatGPT 操作 Excel 的关键：VBA 语言

VBA，即 Visual Basic for Applications，是微软公司开发的一种事件驱动编程语言，它被包含在大多数的 Microsoft Office 应用程序（包括 Excel）中。VBA 允许用户编写脚本和宏，以自动化 Microsoft Office 应用程序中的某些任务，使一些复杂和重复的操作更加简便。以下是使用 VBA 操作 Excel 的一些基础信息。

(1) **启用开发者工具**。你首先需要在 Excel 中启用开发者选项卡。这可以通过选择“文件→选项→自定义功能区”，然后选中“开发工具”选项卡来实现。

(2) **VBA 编程环境**。开发者选项卡启用后，可以点击其中的“Visual Basic”按钮，这将打开 VBA 编辑器，你可以在这里编写和编辑 VBA 代码。

(3) **编写 VBA 代码**。在 VBA 编辑器中，可以在“模块”“表单”或“类模块”中编写代码。下面是一个基础的 VBA 代码示例。

```
Plain Text
Sub HelloWorld()
    MsgBox "Hello, World!"
End Sub
```

这段代码定义了一个名为 `HelloWorld` 的过程，当运行这个过程时，它将弹出一个消息框显示 `"Hello, World!"`。

(4) **运行 VBA 代码**。在 VBA 编辑器中，可以通过按 F5 键或者点击运行菜单的“运行子过程 / 用户窗体”来运行你的 VBA 代码。如果想在 Excel 中运行 VBA 代码，可以在开发者选项卡中点击“宏”，然后选择你要运行的过程。

(5) **操作 Excel 对象**。VBA 可以让你通过编程的方式操作 Excel 的各种对象，比如“工作簿”“工作表”“范围”等。以下代码将在第一个工作表的 A1 单元格中写入 `"Hello, World!"`。

```
Plain Text
Sub WriteToCell()
    Worksheets(1).Range("A1").Value = "Hello, World!"
End Sub
```

通过学习和掌握更多的 VBA，你可以编写出更复杂的代码来自动化处理 Excel 中的各种任务，极大地提升工作效率。

三、如何用 ChatGPT 自动生成 VBA 代码

ChatGPT 能够在给定适当指示的情况下生成 VBA 代码，但需要注意的是，ChatGPT 生成的代码可能需要具有相关经验的人进行审查和调试，以确保达到预期的效果。以下是使用 ChatGPT 生成 VBA 代码的步骤。

(1) **指定你的需求**。你需要以清晰、明确的方式向 ChatGPT 描述想要实现的功能。例如，你可能会说："生成一段 VBA 代码，以便在 Excel 中创建一张新工作表。"

(2) **等待 ChatGPT 的回应**。ChatGPT 会根据你的指示生成一个响应。在本例中，ChatGPT 可能会提供如下 VBA 代码。

````
```vba
Sub CreateNewWorksheet()
    Worksheets.Add
End Sub
```
````

这段 VBA 代码会在当前工作簿中添加一张新的工作表。

(3) **审查代码**。你需要审查 ChatGPT 生成的代码，以确保它符合你的需求和预期。

(4) **运行代码**。你可以将代码复制到 Excel 的 VBA 编辑器中并运行它以测试其功能。

(5) **提出修改或进一步的需求**。如果生成的代码不符合你的需求，或者你需要添加更多的功能，那么可以向 ChatGPT 提供更具体的指示或反馈。例如，你可以说："我需要在创建新工作表后，将新工作表命名为'NewSheet'。"

四、规避 VBA 编程的常见陷阱

使用 ChatGPT 生成 VBA 代码时可能会出现错误。以下是一些常见的错误以及避免措施。

(1) **语法错误**。由于 VBA 对语法要求严格，因此生成的代码可能会存在语法错误，比如拼写错误、缺少关键字、括号不匹配等。在使用生成的代码之前，务必仔细检查代码，并确保修复所有语法错误。

(2) **变量命名冲突**。生成的代码可能使用了与已有代码中的变量相同的名称，导致命名冲突，进而可能会导致代码无法正确运行或产生意外的结果。在使用生成的代码之前，建议仔细检查变量名称，并根据需要进行修改，以避免命名冲突。

(3) **数据范围错误**。生成的代码可能在处理数据范围时存在错误，比如选择了错误的单元格范围或不正确地引用了工作表。在使用生成的代码之前，应检查并修复任何与数据范围相关的错误，确保代码准确处理所需的数据。

(4) **逻辑错误**。生成的代码可能存在逻辑错误，比如条件判断不正确或循环不完整。在使用生成的代码之前，建议仔细检查代码逻辑，确保代码按照预期执行。

(5) **缺少错误处理**。生成的代码可能缺乏错误处理机制，比如没有处理异常情况或错误的用户输入。在使用生成的代码之前，建议添加适当的错误处理代码，以避免程序崩溃或产生意外结果。

在使用由 ChatGPT 生成的 VBA 代码之前，建议进行仔细的代码审查和测试，确保代码的正确性和可靠性。如果不确定生成的代码是否正确，可以向有经验的 VBA 开发人员寻求帮助。

第 2 节 实战演练：用 ChatGPT 生成 VBA 代码的多场景应用

一、找到最大值和最小值

小陈是一名数据分析师，他在一家大型销售公司工作。某一天，他收到了一个包含数千笔销售订单的电子表格文件，其中每笔订单都包含订单号、客户信息和对应的销售额。

老板要求小陈评估销售数据，以便制定相应的销售策略。小陈认为，要完成这个任务，第一步是找到最大销售额和最小销售额，因为这两个值可以提供关键的参考信息，从而帮助公司了解销售业绩的整体范围、识别销售的巅峰和低谷，并找出哪些订单对公司业务具有重要意义。

以下是小陈借助 ChatGPT 进行的操作。

我需要一个 VBA 宏，它能够在 Excel 工作表的 A 列中找到最小和最大的数字，并将这两个数字分别显示在 B1 单元格和 B2 单元格中。

```
Plain Text
Sub FindMinMax()
    Dim rng As Range
    Dim minVal As Double, maxVal As Double
```

```
    ' 将范围设置为A列
    Set rng = ThisWorkbook.Sheets("Sheet1").Range("A:A")

    ' 获取最小值和最大值
    minVal = Application.WorksheetFunction.Min(rng)
    maxVal = Application.WorksheetFunction.Max(rng)

    ' 在单元格B1和B2中显示数值
    ThisWorkbook.Sheets("Sheet1").Range("B1").Value = minVal
    ThisWorkbook.Sheets("Sheet1").Range("B2").Value = maxVal
End Sub
```

这段 VBA 代码定义了一个名为 `FindMinMax` 的宏。首先，这个宏设置了一个名为 `rng` 的范围，该范围包括工作表 `"Sheet1"` 的 `A` 列。然后，它使用 Excel 的 `Min` 函数和 `Max` 函数找到了这个范围中的最小值和最大值，并将这两个值赋给了 `minVal` 变量和 `maxVal` 变量。最后，它将这两个值显示在了单元格 `B1` 和 `B2` 中。

最后，小陈将 ChatGPT 生成的这段代码复制并粘贴到了 Excel 的 VBA 编辑器中，然后点击“运行”就完成了上述任务。

二、数据分类统计

林老师是一所中学的信息化负责人，该校有 1500 名学生。按照教育局要求，林老师需要统计全校学生的身高，并按照“不足 140 厘米”“140~150 厘米”“150~160 厘米”“160~170 厘米”“170~180 厘米”和“180 厘米以上”进行归类并上报。

以下是林老师借助 ChatGPT 进行的操作。

我有一张表格，上面记载了学生的身高，现在需要将学生身高按照“不足140 厘米”“140~150 厘米”“150~160 厘米”“160~170 厘米”“170~180 厘米”和“180 厘米以上”分段统计，并计算每一段内的学生数量，请生成 VBA 代码。

```
Plain Text
Sub HeightStatistics()
    Dim ws As Worksheet
    Dim heightRange As Range
    Dim cell As Range
    Dim dict As Object
    Set dict = CreateObject("Scripting.Dictionary")

    ' 设置要统计的工作表和身高数据范围
    Set ws = ThisWorkbook.Sheets("Sheet1")
' 将"Sheet1"替换为实际的工作表名称
    Set heightRange = ws.Range("A2:A" & ws.Cells(Rows.Count, "A").
End(xlUp).Row)

    ' 遍历每个身高单元格，并进行统计
    For Each cell In heightRange
        Dim height As Double
        height = cell.Value

        If height < 140 Then
            If dict.Exists("不足140厘米") Then
                dict("不足140厘米") = dict("不足140厘米") + 1
            Else
                dict.Add "不足140厘米", 1
            End If
        ElseIf height >= 140 And height < 150 Then
            If dict.Exists("140~150厘米") Then
                dict("140~150厘米") = dict("140~150厘米") + 1
            Else
                dict.Add "140~150厘米", 1
            End If
        ElseIf height >= 150 And height < 160 Then
            If dict.Exists("150~160厘米") Then
                dict("150~160厘米") = dict("150~160厘米") + 1
            Else
```

```
                dict.Add "150~160厘米", 1
            End If
        ElseIf height >= 160 And height < 170 Then
            If dict.Exists("160~170厘米") Then
                dict("160~170厘米") = dict("160~170厘米") + 1
            Else
                dict.Add "160~170厘米", 1
            End If
        ElseIf height >= 170 And height < 180 Then
            If dict.Exists("170~180厘米") Then
                dict("170~180厘米") = dict("170~180厘米") + 1
            Else
                dict.Add "170~180厘米", 1
            End If
        ElseIf height >= 180 Then
            If dict.Exists("180厘米以上") Then
                dict("180厘米以上") = dict("180厘米以上") + 1
            Else
                dict.Add "180厘米以上", 1
            End If
        End If
    Next cell

    ' 输出结果
    Dim resultSheet As Worksheet
    Set resultSheet = Worksheets.Add
    resultSheet.Name = "身高统计"

    resultSheet.Range("A1").Value = "身高分段"
    resultSheet.Range("B1").Value = "学生数量"

    resultSheet.Range("A2").Resize(dict.Count).Value = Application.
Transpose(dict.Keys)
    resultSheet.Range("B2").Resize(dict.Count).Value = Application.
Transpose(dict.Items)

    MsgBox "身高统计完成。请查看新建的工作表""身高统计""。"
End Sub
```

根据以上代码，林老师很快就生成了学生身高的最终统计结果。

三、生成统计图表

小武是一家互联网公司的网站运营人员，负责收集和分析网站的用户数据，以优化网站运营效率。一天早晨，他刚到办公室，上级刘经理就急忙告诉他有一个紧急的汇报会 10 分钟后举行，需要将近期的运营数据整理并生成一份统计图表。

小武感到有些压力，略带为难地说："对不起，刘经理，您知道的，数据目前并没有进行格式化，需要手工整理，我担心 10 分钟内很难实现。"

"时间有些紧迫，你可以尝试用 ChatGPT 生成 VBA 代码的形式来快速整理数据和生成图表。你先试试，如果有不会的地方，可以来问我。"刘经理回复说。

于是小武打开了 ChatGPT，将混乱的运营数据发给了 ChatGPT。

以下是运营数据的日报，请帮我整理成表格，要求第 1 列是日期，第 2 列是访问量，第 3 列是订单数，第 4 列是支付数。

- 2022 年 2 月 1 日，访问量为 156 次，订单数为 23 个，支付笔数为 13 笔。
- 2022 年 2 月 2 日，访问量为 110 次，订单数为 18 个，支付笔数为 8 笔。
- 2022 年 2 月 3 日，访问量为 167 次，订单数为 21 个，支付笔数为 10 笔。
- 2022 年 2 月 4 日，访问量为 90 次，订单数为 13 个，支付笔数为 5 笔。
- 2022 年 2 月 5 日，访问量为 189 次，订单数为 33 个，支付笔数为 22 笔。
- 2022 年 2 月 6 日，访问量为 132 次，订单数为 19 个，支付笔数为 11 笔。
- 2022 年 2 月 7 日，访问量为 201 次，订单数为 28 个，支付笔数为 18 笔。
- 2022 年 2 月 8 日，访问量为 145 次，订单数为 18 个，支付笔数为 11 笔。
- 2022 年 2 月 9 日，访问量为 168 次，订单数为 26 个，支付笔数为 16 笔。
- 2022 年 2 月 10 日，访问量为 190 次，订单数为 32 个，支付笔数为 20 笔。

运营数据日报

日期	访问量	订单数	支付数
2022年2月1日	156	23	13
2022年2月2日	110	18	8
2022年2月3日	167	21	10
2022年2月4日	90	13	5
2022年2月5日	189	33	22
2022年2月6日	132	19	11
2022年2月7日	201	28	18
2022年2月8日	145	18	11
2022年2月9日	168	26	16
2022年2月10日	190	32	20

接下来，小武又借助 ChatGPT 做了如下操作。

请生成一段 VBA 代码，将以上数据生成一张柱状图，并分析以上数据反映出的销售问题。

```
Plain Text
Sub generate_chart()
    ' 设置图表区域
    Dim objChart As Chart
    Set objChart = Sheets("Sheet2").ChartObjects.Add(Left:=10,
Width:=500, Top:=50, Height:=200).Chart
    ' 调整图表区域位置
    With objChart.Parent
        .Top = 100
        .Left = 250
        .Width = 600
        .Height = 350
        .Name = "网站运营数据统计图表"
    End With
```

```
        ' 图表类型：柱状图
        objChart.ChartType = xlColumnClustered

        ' 填充数据
        Range("A1:C8").Select
        objChart.SetSourceData Source:=Selection

        ' 设置坐标轴文本
        With objChart.Axes(xlCategory, xlPrimary)
            .HasTitle = True
            .AxisTitle.Characters.Text = "日期"
        End With

        ' 设置数值轴文本
        With objChart.Axes(xlValue)
            .HasTitle = True
            .AxisTitle.Characters.Text = "数量"
            .MajorUnit = 25
        End With

        ' 设置图表名称
        objChart.HasTitle = True
        objChart.ChartTitle.Characters.Text = "网站运营数据统计图表"

    End Sub
```

小武将上述代码复制并粘贴到了 Excel 的开发者视图中，然后运行了代码。这个时候，一张名为“网站运营数据统计图表”的柱状图就自动生成了，而且填充了网站的运营数据。

通过以上方法，小武成功地在几分钟内生成了网站运营数据的统计图表。在汇报会上，他向高级管理层展示了这张图表，并根据图表中的数据给出了网站接下来的运营策略。高级管理层对他所做的工作给予了高度评价，同时也夸赞他工作效率非常高，能在如此短的时间内完成如此烦琐的数据统计工作。

四、分析未来趋势

Lucas 是一个小型农贸市场中一家蔬菜店的店主，他希望通过现有的销售数据（参见表 7-1）预测下周的蔬菜销售情况以对货源进行合理安排。

表 7-1　蔬菜销售数据

时间	土豆	西红柿	黄瓜
10 周前	50	30	25
9 周前	62	28	28
8 周前	55	33	29
7 周前	45	40	32
6 周前	48	35	30
5 周前	60	45	35
4 周前	70	48	38
3 周前	75	50	42
2 周前	80	55	45
上一周	90	60	50

Lucas 正在试图使用 Excel 来实现这个目标，但发现非常困难。于是，他决定向好朋友 Mary 寻求帮助。Mary 是一名软件开发工程师，在听了 Lucas 的讲述后，她建议 Lucas 使用 ChatGPT 来生成针对他的数据的 VBA 代码，让 ChatGPT 帮助他更快地分析销售数据并预测未来趋势。

Lucas 觉得这是一个好主意，于是他向 ChatGPT 提出了如下问题。

以上是我的销售记录数据，如果我想预测未来 4 周的销量，那么应该使用什么函数呢？

如果您希望在 Excel 中根据销售记录数据预测未来的销量，可以考虑使用趋势函数和移动平均函数来进行分析。在这两个函数中，趋势函数可以帮助您预测未来的销量趋势，而移动平均函数可以帮助您平滑数据并减少波动，从而更好地反映销售趋势。因此，您可以按以下步骤使用这两个函数进行数据分析和预测。

(1) 将您的历史销售数据按照时间排序，并将其放在 Excel 中。确保将时间字段转换为 Excel 中的正确时间格式，并将销量字段转换为数字格式。
(2) 根据您选择的预测函数，插入一个新的列或行用于输出预测结果，以免覆盖现有的销售数据。
(3) 使用 Excel 的趋势函数和移动平均函数分别对历史销售数据进行分析和预测。
(4) 将函数输出结果填充到新的列或行中，以显示预测的销量数值。
(5) 基于趋势函数和移动平均函数生成的预测结果，建议您在 Excel 中绘制线性回归或其他类型的图表，以更直观地了解销售趋势，进而做出更准确的销售决策。

请注意，仅使用趋势函数和移动平均函数不能保证 100% 准确预测未来的销售趋势，因此，建议您综合利用多种预测方法和工具进行多方位分析和预测。

Lucas 不知道什么是趋势函数和移动平均函数，于是他继续向 ChatGPT 进行了询问。

请问什么是趋势函数和移动平均函数？

- **趋势函数（TREND）**。Excel 的趋势函数用于使用线性回归方法对一组数值进行拟合，以确定自变量和因变量之间的趋势方式。趋势函数通常用于预测未来的数值。根据输入的数据数组、时间数组和新自变量数组，它可以预测出新的因变量值。
- **移动平均函数（MOVING AVERAGE）**。Excel 的移动平均函数可对时间序列数据进行平滑处理，以消除随机噪声和其他不规则性。它使用先前的 n 个数据点的平均值来估计下一个点的值。移动平均函数可以帮助用户预测未来的数据，同时减少畸变和不规则性造成的影响。

最后，Lucas 又向 ChatGPT 中输入了如下内容。

生成一段 VBA 代码，利用趋势函数和移动平均函数，分析上述表格数据，预测未来 4 周这 3 种蔬菜的销量。

```
Sub 预测销售量()

    ' 定义变量
    Dim 土豆期望值, 西红柿期望值, 黄瓜期望值 As Double
    Dim 土豆平均值, 西红柿平均值, 黄瓜平均值 As Double
    Dim 时间序列 As Range, 销售数据 As Range
    Dim 输出土豆预测结果, 输出西红柿预测结果, 输出黄瓜预测结果 As Range

    ' 切换到正确的工作表
    Sheets("表格1").Select' 预测未来N周的销量
Dim 土豆预测值, 西红柿预测值, 黄瓜预测值 As Double
土豆预测值 = WorksheetFunction.Forecast(TimeSerial(2022, 9, 1 + 7 *
12), 销售数据.Columns(1))
西红柿预测值 = WorksheetFunction.Forecast(TimeSerial(2022, 9, 1 + 7 *
12), 销售数据.Columns(2))
黄瓜预测值 = WorksheetFunction.Forecast(TimeSerial(2022, 9, 1 + 7 *
12), 销售数据.Columns(3))

' 输出预测结果



    ' 设置范围
    Set 时间序列 = Range("A2:A12")
    Set 销售数据 = Range("B2:D12")
    Set 输出土豆预测结果 = Range("F2")
    Set 输出西红柿预测结果 = Range("F3")
    Set 输出黄瓜预测结果 = Range("F4")
' 计算并输出土豆的期望值
土豆期望值 = WorksheetFunction.Trend(销售数据, 时间序列,
TIMEVALUE("2022-09-01"), TRUE)
输出土豆预测结果.Value = 土豆期望值
```

```
' 计算并输出西红柿的期望值
西红柿期望值 = WorksheetFunction.Trend(销售数据, 时间序列,
TIMEVALUE("2022-09-01"), FALSE)
输出西红柿预测结果.Value = 西红柿期望值

' 计算并输出黄瓜的期望值
黄瓜期望值 = WorksheetFunction.Trend(销售数据, 时间序列,
TIMEVALUE("2022-09-01"), FALSE)
输出黄瓜预测结果.Value = 黄瓜期望值

' 计算并输出土豆的平均值
土豆平均值 = WorksheetFunction.MovingAverage(销售数据.Columns(1), 3,
1)
Range("G2").Value = 土豆平均值

' 计算并输出西红柿的平均值
西红柿平均值 = WorksheetFunction.MovingAverage(销售数据.Columns(2),
3, 1)
Range("G3").Value = 西红柿平均值

' 计算并输出黄瓜的平均值
黄瓜平均值 = WorksheetFunction.MovingAverage(销售数据.Columns(3), 3,
1)
Range("G4").Value = 黄瓜平均值
' 预测未来N周的销量
Dim 土豆预测值, 西红柿预测值, 黄瓜预测值 As Double
土豆预测值 = WorksheetFunction.Forecast(TimeSerial(2022, 9, 1 + 7 *
12), 销售数据.Columns(1))
西红柿预测值 = WorksheetFunction.Forecast(TimeSerial(2022, 9, 1 + 7 *
12), 销售数据.Columns(2))
黄瓜预测值 = WorksheetFunction.Forecast(TimeSerial(2022, 9, 1 + 7 *
12), 销售数据.Columns(3))

' 输出预测结果到土豆、西红柿、黄瓜的单元格中
输出土豆预测结果.Offset(0, 1).Value = 土豆预测值
输出西红柿预测结果.Offset(0, 1).Value = 西红柿预测值
输出黄瓜预测结果.Offset(0, 1).Value = 黄瓜预测值
```

```
' 计算N周后的平均销量
Dim 土豆预测平均值, 西红柿预测平均值, 黄瓜预测平均值 As Double
土豆预测平均值 = (土豆期望值 + 土豆平均值 + 土豆预测值) / 3
西红柿预测平均值 = (西红柿期望值 + 西红柿平均值 + 西红柿预测值) / 3
黄瓜预测平均值 = (黄瓜期望值 + 黄瓜平均值 + 黄瓜预测值) / 3

' 输出预测平均结果到土豆、西红柿、黄瓜的单元格中
输出土豆预测结果.Offset(0, 2).Value = 土豆预测平均值
输出西红柿预测结果.Offset(0, 2).Value = 西红柿预测平均值
输出黄瓜预测结果.Offset(0, 2).Value = 黄瓜预测平均值


' 输出消息框提示
MsgBox "销量预测已成功完成! "
End Sub
```

在 ChatGPT 的帮助下，Lucas 成功预测了下周的蔬菜销售情况，从而对货源进行了更合理的安排。

五、生产过程控制

李明是一家机械设备厂的机械工程师，他的工作是监控生产零件的尺寸，并确保零件生产过程处于控制状态，以便保持产品质量的一致性。李明需要跟踪每个生产零件的尺寸，并将这些数据记录到 Excel 表格中，然后使用控制图来识别和分析任何超出预定范围的尺寸。表 7-2 是他对零件尺寸做的一份记录。

表 7-2　零件尺寸

零件名称	测量日期	尺寸（毫米）
零件 1	2022/03/01	32.1
零件 2	2022/03/01	31.5
零件 3	2022/03/02	31.8
零件 4	2022/03/02	31.9
零件 5	2022/03/03	31.7
零件 6	2022/03/03	32.3
零件 7	2022/03/04	31.9
零件 8	2022/03/04	32.0
零件 9	2022/03/05	31.6
零件 10	2022/03/05	32.2

如图 7-1 所示，控制图是一种用于监控和控制生产过程的工具，其原理是以样本数据为基础，根据数据的中心趋势和变化情况来确定控制界限。如果样本数据点在控制界限以外，则表明生产过程有偏差，需要及时纠正，以确保产品符合规格。

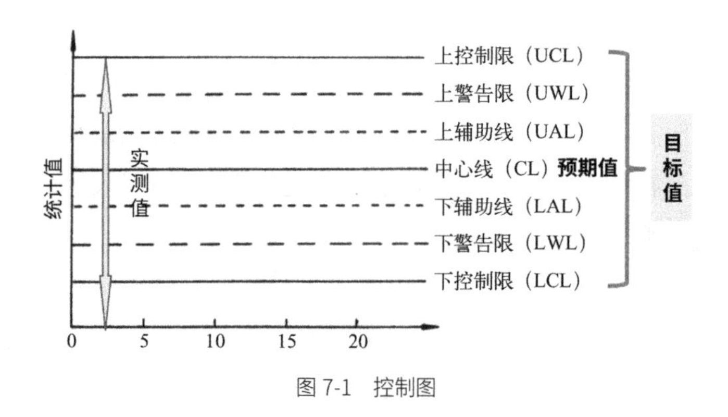

图 7-1　控制图

通常人们会使用控制图通过以下 4 步来对生产过程进行控制。

第 1 步：测量工件

对于每个生产零件，你需要使用测量设备测量它们的尺寸。在 Excel 表格中，你可以将每个零件的测量值记录在单独的行中，并输入到一个名为“数据汇总”的表格中。在每行表格中，需要记录零件名称、测量日期和尺寸。

第 2 步：计算平均值和标准偏差

计算所有零件的平均值和标准偏差。Excel 中提供了多种函数来处理这些统计任务。例如，使用平均函数来计算所有零件对应的平均值。使用标准偏差函数来计算所有零件的测量数据离散度的平均值。

第 3 步：制作控制图

使用 Excel 表格的控制图功能来制作控制图。在 Excel 中，你可以使用图表向导快速创建控制图。你需要输入在数据汇总表中收集的数据，并选择要绘制的图表类型和细节选项。选择合适的 *X* 轴和 *Y* 轴标签以及控制界限。Excel 将自动生成控制图，确保零件尺寸处于标准之内。如果任何数据点超出控制极限，则会在控制图上突出显示，以便你进一步检查数据。

第 4 步：分析并修正问题

如果控制图中有任何数据点超出控制界限，则表明零件的生产过程有问题。在这种情况下，你需要进行详细的分析、识别并对问题进行修复。你可以使用 Excel 的过滤和排序功能，根据不同的条件和标准排除或查看数据。此外，你还可以对零件生产过程进行更深入的研究，以找到问题的根本原因。

所以，控制图对生产过程控制而言非常重要。

以前，李明需要手动编写 Excel 函数来生成控制图，但太费劲了，现在他想通过使用 ChatGPT 编写 VBA 代码的方式来生成。

以下是他对 ChatGPT 的要求。

请根据表 7-2，生成一张控制图：(1) 将零件尺寸全部标注在图上；(2) 如果尺寸大于 32.1 毫米或小于 31.6 毫米，则图上会报警，用红色标记该记录，并用红色箭头指向该点。

```
Sub createControlChart()

' 激活修正后的工作表用于数据跟踪
Sheets("已修正").Activate

' 取得数据区域范围，替换成你的数据表格名称
Dim dataRange As Range
Set dataRange = Range("A2:B100")

' 创建一张仅作为控制图的新工作表，命名为“控制图”
Dim controlSheet As Worksheet
Set controlSheet = Worksheets.Add(After:=Worksheets(Worksheets.Count))
controlSheet.Name = "控制图"

' 计算控制图所需的一些参数
Dim average As Double
average = WorksheetFunction.Average(dataRange.Columns(2))

Dim standardDeviation As Double
standardDeviation = WorksheetFunction.StDev(dataRange.Columns(2))

Dim lowerControlLimit As Double
lowerControlLimit = average - 3 * standardDeviation

Dim upperControlLimit As Double
upperControlLimit = average + 3 * standardDeviation

'将控制图参数写入新的工作表中
controlSheet.Range("A1:D1").Value = Array("样本编号", "设备名称", "尺
寸", "控制界限")
```

```
    controlSheet.Range("A2:B100").Value = dataRange.Value
    controlSheet.Range("C2:C100").FormulaR1C1 = "=RC[-1]-" & average
    controlSheet.Range("D2:D100").FormulaR1C1 = "=IF(OR(RC[-1]<" &
    lowerControlLimit & ",RC[-1]>" & upperControlLimit & "),""Out Of
    Control"","""")"

    '生成控制图
    controlSheet.Activate
    ActiveWindow.DisplayGridlines = False
    Dim chartRange As Range
    Set chartRange = controlSheet.Range("C2:C100")

    Dim chartObject As ChartObject
    Set chartObject = controlSheet.ChartObjects.Add(Left:=200,
    Width:=500, Top:=20, Height:=300)
    chartObject.Name = "生产过程控制图"
    chartObject.Chart.SetSourceData Source:=chartRange
    chartObject.Chart.ChartType = xlLineMarkers
    chartObject.Chart.HasTitle = True
    chartObject.Chart.ChartTitle.Text = "生产过程控制图"
    chartObject.Chart.Legend.Position = xlLegendPositionBottom

    End Sub
```

借助 ChatGPT，李明非常轻松地就生成了控制图，进一步提升了工作效率。

六、数据清洗

王阳是一家公司的数据分析师，工作职责是对公司的销售数据进行分析。公司的销售数据由于统计口径较多，经常出现数据重复、缺失，格式不一致等情况，因此，在进行数据分析之前，他需要先进行数据清洗。下面是数据清洗的主要步骤。

(1) **检查数据质量**。在获取数据后，需要对数据进行全面的检查，包括检查数据是否重复、缺失，格式是否正确，等等。

(2) **确定数据清洗方式**。在检查完数据后，需要确定如何清洗数据。可以使用 Excel 的数据筛选功能来找出数据中的重复项，然后再使用删除重复项功能进行清洗。同时，如果数据格式不正确，则需要使用 Excel 的文本转换等功能进行格式转换和标准化设置。

(3) **执行数据清洗**。执行数据清洗操作必须非常小心，确保正确地清洗和删除，以保留正确的数据。Excel 的删除重复项功能具有选项，你可以根据数据的多个列值的组合来确定重复行。另外，确保在删除或修复之前备份数据。

(4) **格式化数据**。在清洗数据后，还可以使用 Excel 的格式化功能来对不同的数值进行标准化和显示设置，以使它们更容易阅读和分析。

(5) **统计数据**。最后，可以使用 Excel 的统计分析功能对数据进行总结和分析，以得到一些有价值的见解。

可见，对于数据清洗，过去王阳非常依赖 Excel，然而记住 Excel 的各种函数实在太麻烦了，于是他决定利用 ChatGPT 生成 VBA 代码的方式简单进行数据清洗。表 7-3 是一份待清洗的产品销售数据，最后一列标记出了相关的数据缺陷。

表 7-3 待清洗的产品销售数据

产品名称	销售数量	销售日期	销售地点	数据缺陷
产品 1	50	2022/3/1	北京	无
产品 2	20	2022/3/2	上海	产品名称重复
产品 2	25	3 月 5 日	深圳	日期格式不一致
产品 3	六十	2022/3/3	广州	数量格式不一致
产品 4	40	2022/3/4	杭州	无
产品 5		2022/3/5	北京	数量缺失

于是，王阳对 ChatGPT 做了如下要求。

对以上数据，生成 VBA 代码进行清洗，要求如下。

(1) 使用筛选函数找到产品名称和销售日期重复的行，并使用删除函数将它们删除。

(2) 使用文本转换函数将日期格式不一致的数据行转换成一个统一的日期格式。

(3) 使用求和函数对销售数量重复的数据行进行汇总，得出每个产品的总销售数量。

(4) 使用条件函数将销售数量缺失的行标记为“数量未知”。

(5) 使用格式化函数设置表格视觉效果。

```
Sub DataCleaning()
    Dim Rng As Range
    Dim RowCount As Integer
    Dim i As Integer

    Set Rng = Range("A1:E7") '指定数据范围

    '(1)使用筛选函数找到产品名称和销售日期重复的行，并使用删除函数将它们
删除
    Rng.Columns("A:E").Select
    Selection.Sort Key1:=Range("B2"), Order1:=xlAscending, _
        Key2:=Range("C2"), Order2:=xlAscending, Header:=xlYes
    RowCount = Rng.Rows.Count
    For i = RowCount To 2 Step -1
        If Rng.Cells(i, 1).Value = Rng.Cells(i - 1, 1).Value And _
            Rng.Cells(i, 3).Value = Rng.Cells(i - 1, 3).Value Then
            Rng.Cells(i, 1).EntireRow.Delete '删除重复数据行
End If
Next i
'(2)使用文本转换函数将日期格式不一致的数据行转换成一个统一的日期格式
For Each cell In Rng.Columns(3).Cells
    If Not IsDate(cell) Then '如果不是一个日期
        cell.Value = DateValue(cell.Value) '使用DateValue将字符串转换
为日期值
    End If
```

```
        cell.NumberFormat = "yyyy/mm/dd" '设置日期单元格格式为“年/月/日”
    Next cellFor i = 2 To RowCount
        If Rng.Cells(i, 1).Value = Rng.Cells(i - 1, 1).Value Then '如果
    产品名称重复
            Rng.Cells(i, 2).Value = Rng.Cells(i, 2).Value + Rng.Cells(i
    - 1, 2).Value '将当前行和上一行的数量相加
            Rng.Rows(i - 1).Delete '删除上一行
            i = i - 1 '修正行数
            RowCount = RowCount - 1 '修正行计数
        End If
    Next i
    '(3)使用求和函数对销售数量重复的数据行进行汇总，得出每个产品的总销售数量
    Rng.Columns("B:B").RemoveDuplicates Columns:=Array(1),
    Header:=xlYes '删除数量
    '(4)使用条件函数将销售数量缺失的行标记为“数量未知”
    For Each cell In Rng.Columns(2).Cells
        If IsEmpty(cell) Then '如果数量缺失
            cell.Value = "数量未知" '将单元格赋值为“数量未知”
        End If
    Next cell
    '(5)使用格式化函数设置表格视觉效果
    Rng.Select '选中数据范围
    Selection.Columns.AutoFit '自适应列宽
    With Selection
        .Borders.LineStyle = xlContinuous '添加边框
        .Font.Name = "微软雅黑" '设置字体名称
        .Font.Size = 10 '设置字体大小
        .Font.Bold = False '设置字体加粗
    End With

    Range("A1").Select '选中左上角单元格

    MsgBox "数据清洗完成"

    End Sub
```

在完成数据清洗之后，王阳继续使用 ChatGPT 生成了一份统计数据报告，大大提升了数据统计的效率。

七、文本分析

小孙是一名市场营销人员，他负责一家汽车制造厂的市场调研工作。最近，他需要研究电动汽车市场的需求情况，以便提高产品的市场认知度和接受度，增强产品的市场竞争力。为了更好地了解消费者对于电动汽车的需求和态度，小孙计划邀请消费者参加一次小组讨论，并使用文本分析技术从中获取有用的信息。

于是，他邀请了多位消费者参加这次小组讨论。小孙的目的很明确，就是通过分析消费者对电动汽车的需求、购买意向等方面的反馈信息，获取有用的市场调研数据，以便改进和完善市场营销策略。

在小组讨论中，小孙向消费者提出了一系列问题，比如是否对电动汽车有所了解、是否会考虑购买一款电动汽车、是否了解过不同品牌的电动汽车等。收集到的回答对于小孙非常有益。为了更好地分析这些反馈信息，小孙将对话录入到了 Excel 中，如表 7-4 所示。

表 7-4 用户访谈数据

问　题	回　答
你对电动汽车有了解吗？	电动汽车是一种环保的车型，不会排放污染气体，但好像续航能力还有待提高
你会考虑购买一款电动汽车吗？	要看价格和性能，我担心电动汽车可能价格较高，而且电池寿命也不长
你是否了解过某些品牌的电动汽车？如果要购买电动汽车，你认为哪些因素最重要？	我是听说过，但是具体情况不太了解。如果要购买电动汽车，我会考虑价格、能源消耗、续航能力等因素
你认为价格和续航能力哪一个更重要？	对我来说，价格和续航能力都很重要。价格是一个很重要的因素，毕竟与传统汽车相比电动汽车价格还是比较高的，同时，续航能力也很重要，这跟我的出行需求有很大的关系
你可以介绍一下对于电动汽车总体的印象和你是否会推荐给你的朋友吗？	总体来说还是比较满意的，不过价格的确有点儿高，我可能暂时不会推荐给我的朋友

现在小孙需要对文本数据进行清洗和处理，他可以通过文本分析技术来实现以下分析和挖掘。

(1) 挖掘消费者对于电动汽车的情感和态度。

(2) 分析消费者对于电动汽车相关因素的主观感受和评价。

(3) 对消费者对于不同品牌的了解和认知进行统计和评估。

完成这项工作需要用到 Excel 中以下几个内置函数。

(1) `MID` **函数**。该函数可以从文本数据中提取子字符串，比如可以使用 `MID` 函数从一个包含品牌信息的文本中提取品牌名称、型号等信息。

(2) `COUNTIF` **函数**。该函数可以计算匹配特定条件的单元格数目，用于统计实际单元格中指定单词或短语的出现次数。

(3) `SUBSTITUTE` **函数**。该函数可以将一段给定文本数据中的所有特定的词或短语替换为另一个特定的词或短语，以清除干扰的影响或改变特定的句法格式。例如，可以使用 `SUBSTITUTE` 函数将单元格中的换行符替换为空格或逗号。

但是，现在小孙决定向 ChatGPT 描述自己的需求，让 ChatGPT 生成 VBA 代码，从而实现对文本数据的分析和处理。他的描述如下。

编写一段 VBA 代码，分析上述文本数据，其中需要对文本做如下处理和操作。

(1) 分别使用 `MID` 函数和 `SUBSTITUTE` 函数从不同角度提取或重构文本数据。

(2) 使用 `COUNTIF` 函数计算文本中所有关键词的出现次数。

(3) 定义数据区域和函数区域，清洗和格式化相关文本数据，将多列文本合并为一列，删除多余的单元格。

```
Sub analyze_dialogue()

    '将对话文本数据存储在字符串数组中
    Dim dialogue(1 To 6, 1 To 2) As String

    dialogue(1, 1) = "你对电动汽车有了解吗？"
    dialogue(1, 2) = "电动汽车是一种环保的车型，不会排放污染气体，但好像
续航能力还有待提高"
    dialogue(2, 1) = "你会考虑购买一款电动汽车吗？"
    dialogue(2, 2) = "要看价格和性能，我担心电动汽车可能价格较高，而且电
池寿命也不长"
    dialogue(3, 1) = "你是否了解过某些品牌的电动汽车？如果要购买电动汽
车，你认为哪些因素最重要？"
    dialogue(3, 2) = "我是听说过，但是具体情况不太了解。如果要购买电动汽
车，我会考虑价格、能源消耗、续航能力等因素"
    dialogue(4, 1) = "你认为价格和续航能力哪一个更重要？"
    dialogue(4, 2) = "对我来说，价格和续航能力都很重要。价格是一个很重
要的因素，毕竟与传统汽车相比电动汽车价格还是比较高的，同时，续航能力也很重
要，这跟我的出行需求有很大的关系"
    dialogue(5, 1) = "你可以介绍一下对于电动汽车总体的印象和你是否会推荐
给你的朋友吗？"
    dialogue(5, 2) = "总体来说还是比较满意的，不过价格的确有点儿高，我可
能暂时不会推荐给我的朋友"

    '定义关键词并计算出现次数
    Dim keywords(1 To 3) As String
    keywords(1) = "价格"
    keywords(2) = "续航能力"
    keywords(3) = "能源消耗"

    Dim count_keyword(1 To 3) As Integer
    Dim i As Integer, j As Integer

    For i = 1 To 3
        count_keyword(i) = 0
        For j = 1 To 5
            count_keyword(i) = count_keyword(i) + WorksheetFunction.
CountIf(Range("B" & j), "*" & keywords(i) & "*")
```

```
        Next
    Next

    '将文本数据合并为一列，并删除多余单元格
    Dim merged_text As String
    For i = 1 To 5
        merged_text = dialogue(i, 1) & Chr(10) & dialogue(i, 2) &
Chr(10) & Chr(10)
        merged_text = WorksheetFunction.Substitute(merged_text,
Chr(10), " ")
        Range("C" & i).Value = WorksheetFunction.Mid(merged_text,
1, Len(merged_text) - 2)
    Next

    Range("B1:C5").EntireRow.Delete Shift:=xlUp
    Range("B1").Value = "问题与回答"
    Range("B1").Font.Bold = True

    '输出关键词出现次数
    For i = 1 To 3
        Range("D" & i + 1).Value = keywords(i)
        Range("E" & i + 1).Value = count_keyword(i)
    Next

    Range("D1").Value = "关键词"
    Range("D1").Font.Bold = True
    Range("E1").Value = "出现次数"
    Range("E1").Font.Bold = True

End Sub
```

最终，小孙成功地对所收集到的文本数据进行了文本分析和挖掘。他发现，消费者在购买电动汽车时最关注的是价格、续航能力、能源消耗等因素。据此他设计了相应的营销策略，将价格和动力因素纳入其中，提高了对消费者的吸引力，他也因此取得了非常好的销售业绩。

总而言之，通过对消费者的反馈信息进行文本分析和挖掘，可以更好地了解消费者的需求和态度，从而制定出更加完善的市场营销策略，提高产品的市场竞争力。在这个过程中，Excel 和 VBA 是非常有用的工具和语言，可以帮助我们有效地处理和分析大量的文本数据，以便获得更多有用的信息。

第 3 节　基于 GPT 模型的 Excel 人工智能处理软件

如果你觉得直接使用 VBA 有点儿麻烦，那么也可以考虑使用其他基于 GPT 模型制作的 AI 软件，比如 ChatExcel。

ChatExcel 是一个创新的网站，利用自然语言输入和 ChatGPT 的强大功能，为用户提供智能的 Excel 表格调整服务。无须烦琐的操作和编程技能，用户可以轻松上传 Excel 文件并通过简单的自然语言描述完成各种调整和处理。

一、自然语言输入和指令转化

ChatExcel 采用自然语言输入的方式，使得用户可以用日常语言描述他们希望对 Excel 表格进行的调整操作。无须熟悉复杂的 Excel 函数和公式，用户只需简洁明了地描述他们的需求（比如增加列、删除行、修改样式等）即可。ChatExcel 将利用先进的自然语言处理技术和 ChatGPT 的强大能力，将用户的指令转化为准确的 Excel 操作。

二、强大的 Excel 调整功能

ChatExcel 提供了强大的 Excel 调整功能，以满足用户的各种需求，也就是说，无论是进行数据处理还是格式调整，用户都可以通过 ChatExcel 轻松实现。ChatExcel 不仅支持数据筛选、排序、合并、拆分、透视等功能，还能进行单元格格式设置、条件格式化、公式计算、图表生成等操作。ChatExcel 的智能助手能够理解用户的意图，并根据用户的描述生成准确的调整结果。

三、智能生成和预览

利用 ChatGPT 的强大能力，ChatExcel 可以智能地生成符合用户需求的 Excel 表格调整结果。一旦用户提供了描述，ChatExcel 就能迅速生成相应的 Excel 文件。同时，ChatExcel 还提供了预览功能，用户可以直观地查看调整后的结果。这样用户就可以在确认结果之前进行审查和修改，确保最终的 Excel 文件满足需求。

四、用户友好的界面和下载功能

ChatExcel 的用户界面既简洁又友好，在该界面上，用户可以轻松地上传 Excel 文件、输入调整需求并预览结果。一旦用户对生成的结果感到满意，他们就可以非常方便地下载调整过的 Excel 文件，以便在工作中使用或与团队共享。

ChatExcel 的目标是为用户提供一个便捷而强大的 Excel 调整工具。无须具备编程知识，使用 ChatExcel，用户可以通过简单的自然语言输入完成复杂的 Excel 表格操作任务。ChatExcel 的智能助手与 ChatGPT 的结合为用户提供了高效、准确的 Excel 表格调整体验。

第 4 节　用飞书智能伙伴处理在线数据表格

如今，处理在线数据表格也是比较常见的职场工作场景，本节将以飞书智能伙伴为例，介绍如何利用 AI 工具处理在线数据表格。在第 4 章中，我们介绍过飞书智能伙伴作为专业写作工具的一些用途。作为强大的 AI 助理，飞书智能伙伴也可以帮助职场人士完成复杂的数据处理操作。

一、用飞书智能伙伴快速建表

在空白文档中，唤起智能伙伴浮窗，点击“智能建表”，输入具体要求即可完成表格创建，如图 7-2 和图 7-3 所示。

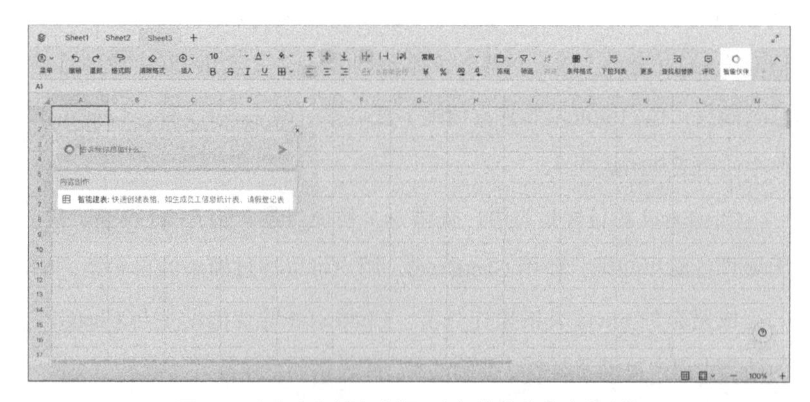

图 7-2　在空白文档中唤起飞书智能伙伴的建表功能

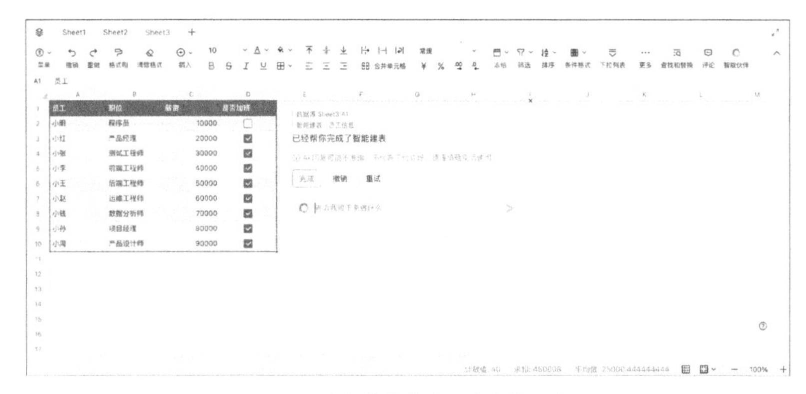

图 7-3　飞书智能伙伴完成建表的示意图

二、用飞书智能伙伴撰写公式

在空白单元格处唤起智能伙伴浮窗，选择“帮我写公式”，输入需要的结果要求，比如“帮我写公式：员工性别分组”，飞书智能伙伴就会根据表格信息推荐选择合适的公式，如图 7-4 和图 7-5 所示。

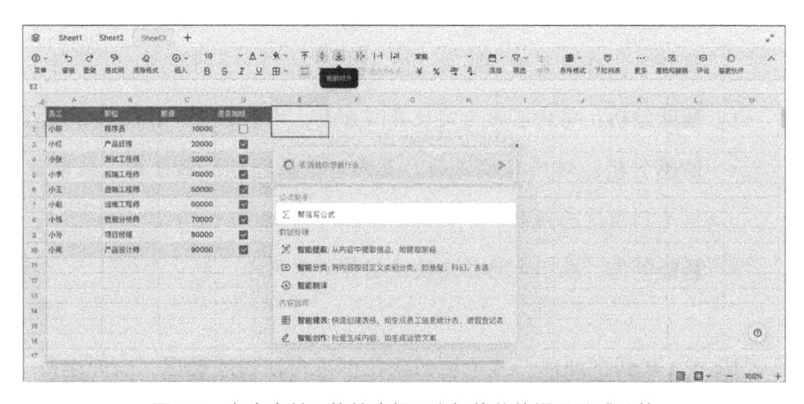

图 7-4　在空白单元格处唤起飞书智能伙伴撰写公式功能

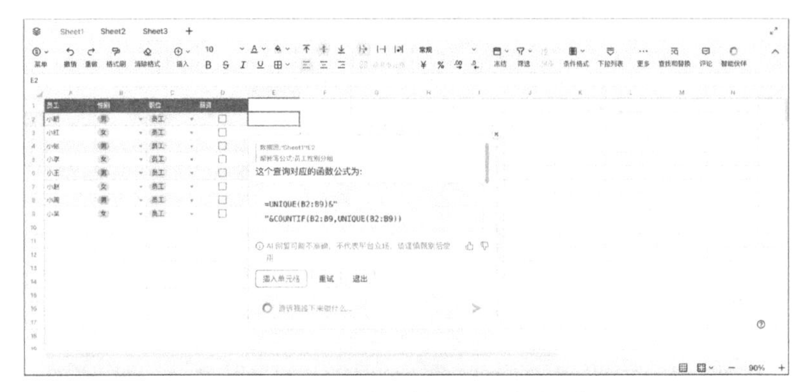

图 7-5　用飞书智能伙伴撰写公式的结果输出

三、用飞书智能伙伴分析数据

在飞书智能伙伴中，特色的数据分析功能包括智能提取、智能分析、情感分析以及智能创作。

- **智能提取**：主要是从表格中提取信息，比如邮箱、行政区、手机号等，让信息重点一目了然。
- **智能分析**：将内容按自定义类别分类，比如悬疑、科幻、古装。
- **情感分析**：对内容按正面、负面、中性进行情感分析，帮助你快速判断情感倾向，一键识别差评。
- **智能创作**：基于表格信息快速创作所需内容。

除了这些特色功能，飞书智能伙伴中还包括智能翻译、内容润色、内容总结等其他 AI 辅助功能。

图 7-6 以情感分析功能为例，展示了基于表格中用户“反馈内容”一列内容进行的情感分析结果。

图 7-6　用飞书智能伙伴进行情感分析示例

四、用飞书智能伙伴搭建多维表格业务系统

新建空白文档，从底部模板处唤起智能伙伴，告诉智能伙伴你想做什么，即可建立包含多张表格的业务系统，如图 7-7 和图 7-8 所示。

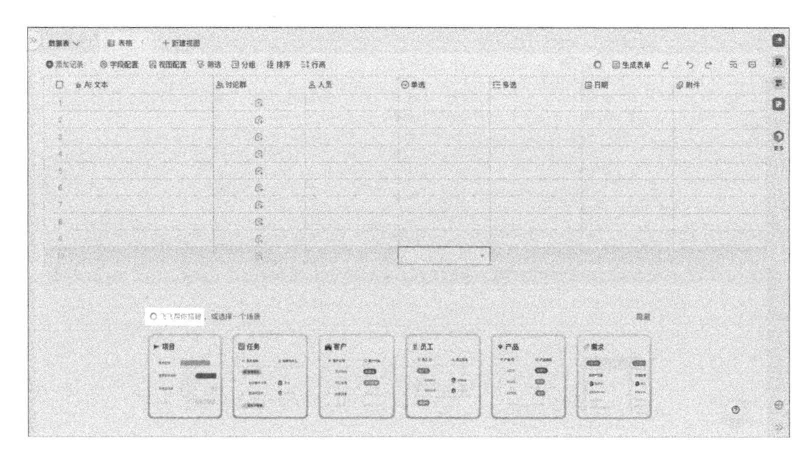

图 7-7　唤起飞书智能伙伴搭建多维表格

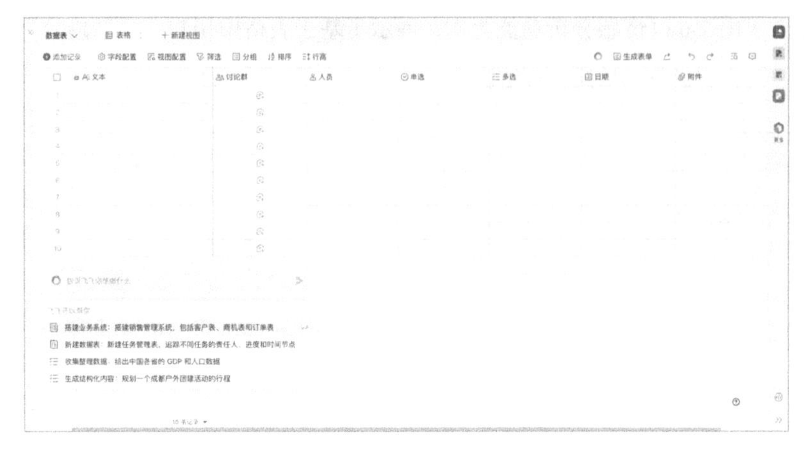

图 7-8　用飞书智能伙伴完成业务系统搭建

五、用飞书智能伙伴调整多维表格内容

可以直接从行记录处唤起智能伙伴，点击“用 AI 生成”，输入一段文字，即可参照文字进行结构化解析录入，如图 7-9 所示。

图 7-9　用飞书智能伙伴结构化解析文本示例

也可以从工具栏处唤起智能伙伴，完成增加字段内容等操作，如图 7-10、图 7-11 和图 7-12 所示。

图 7-10 唤起飞书智能伙伴生成字段内容

图 7-11 飞书智能伙伴生成字段内容的 AI 配置

图 7-12 飞书智能伙伴生成字段内容结果

本章小结

在数据驱动的商业环境中，高效地处理和分析数据至关重要。本章主要探讨了用 ChatGPT、飞书智能伙伴等 AI 助理工具辅助处理数据的方法，并结合实际工作场景进行了案例解析。这些案例展示了 AI 助理如何帮助不同领域的专业人士利用数据来优化操作、增强客户洞察力和驱动创新。本章还特别介绍了基于 GPT 模型的 Excel 人工智能处理软件。数据处理和 Excel 的使用虽然具有一定难度，但这是职场工作的常见场景。因此，如果想熟练应用 AI 助理来处理数据，我们在平时就需要勤加练习。

第
8
章

用 ChatGPT 搞翻译

08

第 1 节 翻译的进步

一、以交流为目的的翻译

人类世界中存在着众多的语言，每种语言都有其独特的语义、文化和结构。这种多样性不仅给人们之间的沟通带来了巨大的挑战，也成了人们之间合作和理解的障碍。正如《圣经 · 旧约 · 创世记》中“巴别塔”的故事所描绘的那样，语言差异可以对人类合作造成障碍。

据传说，在人类的早期历史中，全球的人们使用同一种语言，他们沟通没有障碍，彼此之间没有隔阂。他们集体决定建造一座塔，这座塔将连接天堂和地面，这也象征着人类的团结与力量。然而，在这座塔建到高耸入云时，上帝感受到了人类的骄傲和自负。为了阻止人类的计划，上帝决定让人们之间的语言变得混乱，不再能够相互理解。因此，人们就无法继续建造塔楼了，他们被迫放弃了这个项目。这个故事传达了语言差异对人们之间相互合作和沟通的挑战。

在现实生活中，我们经常会遇到需要与不同语言背景的人进行沟通的情况，比如在国际商务、旅游、外交等场景中。这时翻译的重要性就凸显出来了。作为一种专业技能，翻译可以帮助人们跨越语言障碍，促进相互之间的理解和合作。通过翻译，人们可以突破语言壁垒，实现跨文化的交流与合作。在全球化时代，翻译不仅在商务和政治领域发挥着重要作用，还在文化、艺术、学术等领域扮演着关键角色。通过翻译，不同语言背景的人们可以分享和传播彼此的知识、经验和文化，促进社会的多元发展。

翻译是一件有挑战的事，不仅需要掌握多种语言的词汇和语法，还需要了解在不同文化背景下某些句子的本意和隐含意义。随着文化教育的普及，掌握一门外语已经是很多人需要具备的基本能力，但即便如此，翻译对大多数人来说也不是一件容易的事。随着计算机技术的进步，翻译这项需要人们强力学习的技能开始有了新的发展方向。

二、机器翻译

在 AI 时代到来之前，机器翻译经历了一个漫长而不断发展的过程。早期的机器翻译主要是基于规则和字典的方法，其目标是将一个单词或词组翻译成另一种语言。

最早“落户”计算机的是字典翻译。这种方法是基于预先构建的字典，将源语言中的单词或短语直接替换为目标语言中的对应词汇。然而，这种方法忽略了语法和上下文的影响，无法解决复杂的句子结构和文化差异带来的问题。

随后，人们开始尝试根据特定的语法规则进行翻译。这种方法主要基于语言学知识和规则，可以将源语言的句子转换为目标语言的等效句子。在翻译过程中，计算机会根据预先定义的语法规则进行语法分析和转换操作。虽然这种方法能够处理一些简单的句子和语法结构，但面对复杂的语言现象和多义性时效果仍然有限。

随着时间的推移，研究者们开始探索整段内容的翻译。这种方法不再仅仅关注单词级别的替换和语法转换，而是试图将整个句子或段落的意义和信息进行转化。为了实现这一目标，研究者们引入了统计机器翻译（SMT）的方法。SMT 利用大规模的双语语料库，通过统计模型来预测源语言和目标语言之间的对应关系。通过分析和比较不同语言之间的频率和概率，SMT 可以生成更准确的翻译结果。

然而，传统的机器翻译方法仍然存在一些局限性。它们对语言的上下文和语义理解能力有限，难以处理复杂的句子结构。此外，依赖规则和统计的方法往往需要大量的人工参与和领域专业知识，这也制约了其发展。

从使用体验来看，机器翻译时代的翻译虽然有着浓烈的“翻译味”，但我们也必须承认这是一个巨大的进步。很多时候，我们一眼就能看出某段文字是由机器翻译而来，可能存在一些不准确或不自然的内容。然而，机器翻译已经广泛存在于我们的日常生活和工作中。

尽管机器翻译尚未达到完美的程度，但它在跨越语言障碍方面提供了巨大的帮助。许多人已迫不及待地将机器翻译应用于他们的日常生活和工作中，因为相比于阅读外文，在阅读母语时我们的阅读速度会快很多。机器翻译为人们理解和获取来自不同语言和文化的信息提供了一种便捷的方式，促进了全球交流与合作。在日常生活中，机器翻译已经广泛应用于各个领域。它可以帮助人们阅读和理解外文新闻、学术论文、技术文档等，节省了人们查找词语和翻译的时间。

对一些人来说，翻译已是“刚性”需求。随着 AI 技术的进步，人们也在积极探索将机器翻译与 AI 技术相结合，由此，翻译进入到了 AI 时代。

三、AI 翻译

作为用户，在日常工作中我们经常会使用诸如谷歌翻译、百度翻译之类的在线翻译工具，但不知你注意到没有，如今翻译的质量与之前相比简直判若云泥。从早期带有浓烈“翻译味”的翻译到现在大部分语句已经比较通顺的翻译，这中间的差异就是机器翻译和 AI 翻译的差异。

随着 AI 技术的快速发展，神经机器翻译（NMT）已成为机器翻译领域的新兴技术。NMT 基于深度学习模型，通过神经网络模拟人类翻译过程。它能够自动从大规模的双语语料中学习语言之间的对应关系，在理解上，NMT 通过神经网络模型学习源语言和目标语言之间的映射关系，并以端到端的方式进行翻译。相比传统方法，NMT 在对语言的上下文理解和生成连贯翻译方面取得了显著的进步。它可以捕捉更复杂的语义和句子结构，产生更准确、流畅的翻译结果。

NMT 的发展得益于深度学习技术的突破和大规模数据的可用性。通过深度神经网络，NMT 能够学习到更高层次的语言表示，进而提升翻译的质量和准确性。此外，随着互联网的普及和全球化交流的增加，海量的双语语料库也为 NMT 提供了丰富的训练数据，促进了其性能的进一步提升。

随着时间的推移，NMT 也在不断发展和优化。研究者们提出了一系列的改进方法（包括注意力机制、双向循环神经网络等），以进一步提升翻译的准确性和流畅性。同时，许多基于 NMT 的开源工具和平台的出现，也使得研究人员和开发者能够更方便地使用和扩展 NMT 技术。

虽然 NMT 在机器翻译领域取得了巨大的进展，但仍然存在一些挑战和限制。例如，NMT 对训练数据和计算资源的需求较高，这就限制了其在一些资源受限环境下的应用。此外，NMT 在处理低频词汇、专业术语、文化特定表达等方面仍然存在困难。解决这些问题还需要进一步的研究和创新。

翻译工具用起来很简单，最直接的使用方式就是通过翻译网站来操作。你只需将要翻译的内容输入到翻译网站页面的左侧，右侧即可给出翻译的结果。

图 8-1 是谷歌翻译官方网站界面。

图 8-1 谷歌翻译官方网站界面

图 8-2 是百度翻译官方网站界面。

图 8-2 百度翻译官方网站界面

图 8-3 是 DeepL 官方网站翻译界面。

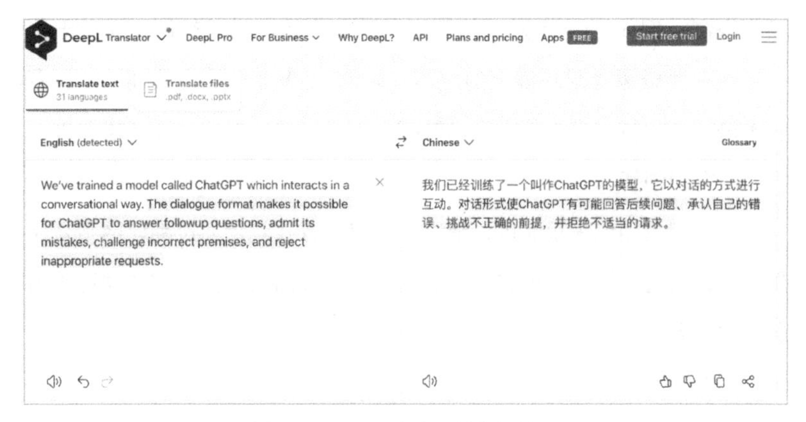

图 8-3　DeepL 官方网站翻译界面

除了最基本的功能，以上 3 种翻译工具都提供了文档翻译功能，我们可以把一份完整的文档提供给它们，让它们从头到尾地帮我们翻译。

如今，如果不是以翻译为生，而仅仅将翻译作为获取信息的途径，那么 AI 翻译的质量已经可以很好地满足我们的需求了。在日常生活中，很多人在上网浏览信息时会使用浏览器提供的翻译功能将外文网页翻译成中文网页。通过这样的操作，甚至已经让人感觉不到是在浏览外文网站而更像是在浏览普通的中文网站。

图 8-4 展示了在 Chrome 浏览器中直接使用浏览器提供的翻译功能。

当然，不只是 Chrome，微软的 Edge 浏览器也提供了类似的功能，只不过其背后采用的是微软自己的翻译工具。

目前在 AI 翻译领域做得最好的是 DeepL，其翻译质量已经超过了以 AI 能力超强著称的谷歌翻译。如果对翻译质量有更高的要求，那么 DeepL 无疑是更好的选择。不过，由于谷歌翻译与其出品的浏览器 Chrome 有非常好的结合，可以在不离开浏览器页面的前提下使用，因此大部分人在日常使用中还是会选择谷歌翻译。

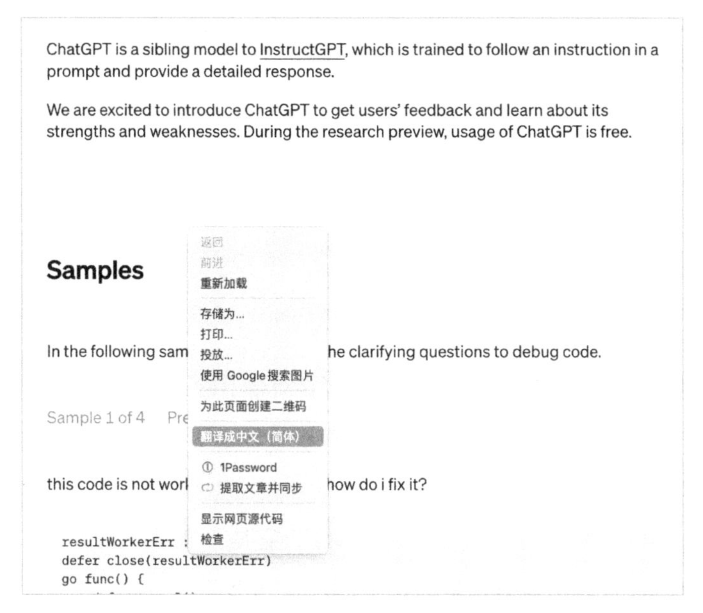

图 8-4　Chrome 浏览器的直接翻译功能

正是因为这些翻译工具已经在很多人的生活中应用起来，而且其使用门槛已经降到了很低的程度，所以很多人没有注意到其背后的技术进步，尤其是 AI 技术在其中起到的关键作用。

第 2 节 “非专业”翻译：ChatGPT

像 DeepL、谷歌翻译这些工具已经做得很不错了，不过，令人没有想到的是，有一个“非专业”选手也参与到了这场翻译竞赛中，它就是 ChatGPT。

本书对 ChatGPT 的介绍已经够多了，它是一个用来生成语言的大语言模型，它的训练数据量庞大。从技术的角度看，它属于“大力出奇迹”，这就让 ChatGPT 的能力超越了很多单一功能的 AI 解决方案，成了一种更通用的解决方案。ChatGPT 根本没有区分语言，无论是英文还是中文，对它来说都是语言。本不是为了翻译而设计的 ChatGPT，一不小心也具备了翻译的能力。所以，只要你愿意，完全可以把 ChatGPT 当作一款翻译工具来用。

那么，ChatGPT 的翻译能力如何呢？腾讯在论文“关于 ChatGPT 是不是一款好的翻译工具的初步研究”（Is ChatGPT A Good Translator? A Preliminary Study）中对此进行了探讨。

这篇论文给出的结论如下：对于一些资源丰富的语言（如欧洲语言），ChatGPT 的表现与商业翻译产品（如谷歌翻译）势均力敌；对于一些资源并不丰富的语言，ChatGPT 的表现则差强人意；在一些比较专业的方面（如生物医学），ChatGPT 的表现不如商业产品；在口语翻译方面，ChatGPT 则是一款不错的翻译工具。

从这个结论不难看出，“把英语翻译成中文”这个需求 ChatGPT 基本上可以很好地满足。

使用 ChatGPT 翻译文字很简单，只要告诉它需要翻译成什么语言就可以了，下面是一个例子。

把下面一段话翻译成中文。

We’ve trained a model called ChatGPT which interacts in a conversational way. The dialogue format makes it possible for ChatGPT to answer followup questions, admit its mistakes, challenge incorrect premises, and reject inappropriate requests.

我们已经训练了一个名为 ChatGPT 的模型，它以对话的形式进行交互。对话的形式使得 ChatGPT 能够回答后续问题、承认自己的错误、质疑不正确的前提，并拒绝不恰当的请求。

ChatGPT 也支持多语言，我们甚至可以要求它把一段文字翻译成日文。

把下面一段话翻译成日文。

We’ve trained a model called ChatGPT which interacts in a conversational way. The dialogue format makes it possible for ChatGPT to answer followup questions, admit its mistakes, challenge incorrect premises, and reject inappropriate requests.

私たちは ChatGPT と呼ばれるモデルを訓練しました。このモデルは対話形式でインタラクションを行います。対話形式により，ChatGPT は追加の質問に答えたり、間違いを認めたり、間違った前提を問い詰めたり、不適切な要求を拒否することが可能です。

除了跨语言的能力，ChatGPT 本身还具备其他能力，我们可以将它的这些能力整合起来去做一些原本并不容易做的事，比如用英文写一些文档。虽然我们可以先用中文写好文档，然后让 ChatGPT 来翻译，但是，只要稍微了解过不同的语言，你就能清晰地感受到这种翻译后的文档非常不地道。前面说过，ChatGPT 根本不区分语言，所以，针对这种情况，我们可以用中文提要求，然后让 ChatGPT 用英文来写，这样写出的文档保证会比直接翻译的文档地道很多。

例如，我们可以让 ChatGPT 替我们写一封邮件。

你来扮演我的英文写作助手。我要给我们学校的外国师生写一封邮件，通知他们周一到学校大礼堂来开会，我们学校邀请了著名的物理学家给全校师生分享现代物理学发展的内容。请你用英文写一封邮件通知他们。

Subject: Invitation to a Special Lecture on Modern Physics Developments

Dear esteemed foreign faculty and students,

I hope this email finds you in good health and high spirits. We are delighted to extend our warm invitation to you for a special lecture on the advancements in modern physics. As part of our commitment to promoting academic excellence and fostering intellectual growth, our school has invited a renowned physicist to share insights into the exciting developments in the field of physics.

We cordially invite you to join us on Monday, [Date], at the School Auditorium for this enlightening event. The lecture will commence at [Time] and is expected to last approximately [Duration]. It is a unique opportunity for all faculty members and students to expand their knowledge and gain a deeper understanding of the latest breakthroughs in physics.

The esteemed speaker, [Physicist's Name], is internationally recognized for their contributions to the field of physics and their expertise in [Specific Area of Physics]. They will provide a comprehensive overview of the recent advancements and discoveries that have revolutionized our understanding of the universe. The lecture will be conducted in English, ensuring accessibility to all attendees.

We believe that this event will not only inspire you but also provide valuable insights that can be integrated into your academic pursuits. It will be an excellent platform for intellectual exchange and an opportunity to engage with fellow scholars and students who share a passion for the sciences.

We kindly request you to mark your calendars for this significant event. Your presence will undoubtedly enrich the discussion and contribute to the vibrant academic atmosphere at our esteemed institution. Please be seated in the School Auditorium by [Time] to ensure a prompt start.

If you have any further questions or require additional information, please feel free to contact our event coordinator, [Coordinator's Name], at [Contact Information].

We eagerly anticipate your participation and look forward to welcoming you to our School Auditorium for this remarkable lecture. Let us come together as a diverse community to celebrate the wonders of modern physics and embrace the spirit of intellectual curiosity.

Thank you for your attention, and we hope to see you on Monday.

Best regards,

[Your Name]

[Your Position/Title]

[Your School/Institution]

对大多数人来说，写出这样一封邮件不是一件轻而易举的事情，但对 ChatGPT 而言，这是瞬间就可以完成的任务。不过，你可能并不放心生成的内容，不确定 ChatGPT 的表达是否满足你的要求，如果是这样，你完全可以把这封生成的邮件用翻译工具再翻译回中文进行验证。当然，更省事的做法是直接让 ChatGPT 把这封邮件翻译回中文。

请把你写的这封邮件翻译成中文。

主题：关于现代物理学发展的特别讲座邀请

尊敬的外国教职员工和学生们：

祝您身体健康，精神愉快。我谨代表学校诚挚地邀请您参加一场关于现代物理学进展的特别讲座。作为我们学校致力于促进学术卓越和培育智力成长的一部分，我们邀请了一位著名的物理学家为全校师生分享有关物理学领域的最新进展。

我们诚挚地邀请您于周一（日期）参加此次富有启发性的活动，地点是学校礼堂。讲座将于（时间）开始，预计持续时间约为（时长）。这是一个独特的机会，供所有教职员工和学生扩展知识，深入了解物理学领域的最新突破。

受邀的演讲嘉宾是（物理学家的姓名），他们在物理学领域的贡献和在（具体物理领域）的专业知识备受国际认可。他们将提供现代物理学领域的最新进展和发现的全面概述，这些进展和发现已经彻底改变了我们对宇宙的认识。讲座将以英语进行，以确保所有参与者都能理解。

我们相信，此次活动不仅会激发您的灵感，还将为您提供宝贵的见解，可以融入您的学术追求之中。这将是一个优秀的平台，促进学术交流，并有机会与共同热爱科学的学者和学生们进行互动。

我们诚挚地邀请您在日程安排上留出时间参加这个重要的活动。您的到来无疑将丰富讨论，并为我们尊贵学府充满活力的学术氛围做出贡献。请于（时间）准时入座学校礼堂，以确保活动按时开始。

如果您有任何进一步的问题或需要额外的信息，请随时与我们的活动协调员（协调员的姓名）联系，联系方式为（联系信息）。

我们迫切期待您的参与，并欢迎您在周一来到我们的学校礼堂参加这场卓越的讲座。让我们作为一个多元的社区，共同庆祝现代物理学的奇迹，拥抱知识的启迪。谢谢您的支持和参与！

最诚挚的问候，

[您的姓名]

[您的职位]

[学校名称]

正如前面所说，ChatGPT 不是一个专业的翻译“选手”。不过，对于外语，大多数人并不是为了学习而学习，而是为了更好地在工作和生活中使用。因此，在 ChatGPT 的帮助之下，我们可以更好地运用不同的语言来完成我们的目标。这才是 ChatGPT 本身能给我们提供的更大价值，也是它可以弯道超车，比单纯的翻译工具更具优势的地方。

至此，你已经对市面上常见的翻译工具有了大致的了解，甚至可以说，这些内容足以满足你绝大部分的需求。接下来，我们再做一些拓展，让你在基础的使用体验之上可以再进一步。

第 3 节　沉浸式翻译

前面我们说过，现在的翻译工具从翻译结果上来看已经非常好了。但在使用体验上，还存在进一步改进的空间。在使用原生的翻译工具进行翻译时，通常我们是把一段文本粘贴到翻译框里，交给工具去翻译，这就需要我们在多个不同的软件或网页之间进行切换。虽然有些翻译工具提供了插件的方式，我们点击哪段就可以翻译哪段，但这样的翻译往往只是局部的翻译。另外，还有一种翻译方式是与浏览器相结合，让浏览器直接对整个页面进行翻译。

按道理来说，直接翻译整个页面已经非常不错了，这样我们就可以把一个外文网页当作中文网页来阅读。但实际上，这种做法还是有不方便的地方，这种不方便并不是交互的问题，而是由于翻译质量造成的。虽然自 AI 介入之后翻译质量已经得到了极大的提升，但是仍未达到完美的程度，尤其是对一些相对专业的内容，翻译质量总是不尽如人意。所以，有时候，我们不得不回到原文去查看原本的内容究竟是什么。也正是这种不方便给了其他工具一个机会。

沉浸式翻译（Immersive Translate）就是这样的一款工具，它为普通读者提供了便利。沉浸式翻译最主要的特点是提供“沉浸式”体验，它会智能识别网页主内容区进行翻译，不对浏览整个页面造成干扰，从而降低了对原网页的“侵入性”，让你更专注地阅读。这样一来，你就能更好地理解文章的意思，而不会被大量的翻译结果困扰。

更重要的是，沉浸式翻译支持中英文双语对照显示，你可以一目了然地比较原文和译文，这样在浏览外文网站时就不用在多种语言之间来回切换了。在阅读一些相对专业的内容时，这种做法极大地提升了阅读效率。另外，为了让我们获得更好的阅读体验，沉浸式翻译针对一些比较典型的外文网站（无论是 Twitter、Reddit，还是 Gmail、Hacker News）提供了特定的优化。

使用沉浸式翻译最简单的方式是安装浏览器插件。沉浸式翻译对 Chrome、Edge 和 Firefox 这几款目前主流的浏览器都提供了插件支持，我们只需到插件商店安装对应的插件即可。图 8-5 是在 Chrome 商店安装沉浸式阅读插件的方式。

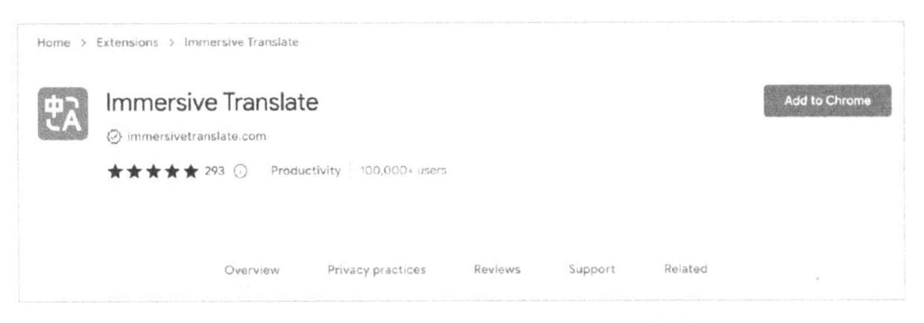

图 8-5 在 Chrome 商店安装沉浸式阅读插件

安装好这个插件之后，当我们浏览外文网站时，就可以利用它对页面进行翻译了。图 8-6 展示了沉浸式阅读插件的使用界面。

也可以通过右键唤起菜单直接启动翻译，如图 8-7 所示。

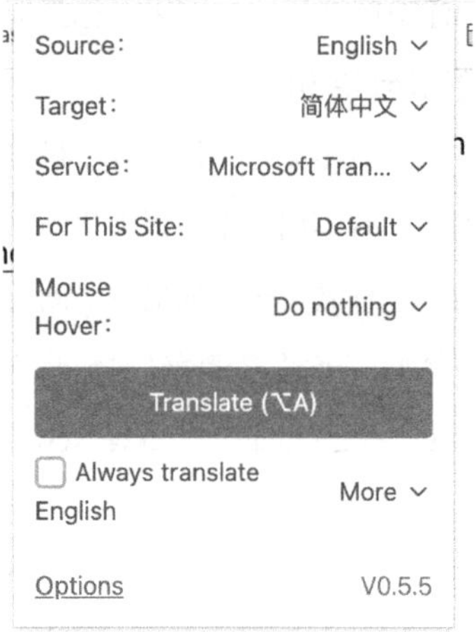
Source: English
Target: 简体中文
Service: Microsoft Tran...
For This Site: Default
Mouse Hover: Do nothing
Translate (⌥A)
Always translate English
More
Options
V0.5.5

图 8-6 沉浸式阅读插件使用界面

返回
前进
重新加载
存储为...
打印...
投放...
使用 Google 搜索图片
为此页面创建二维码
翻译成中文（简体）
1Password
提取文章并同步
Toggle translate webpage
显示网页源代码
检查

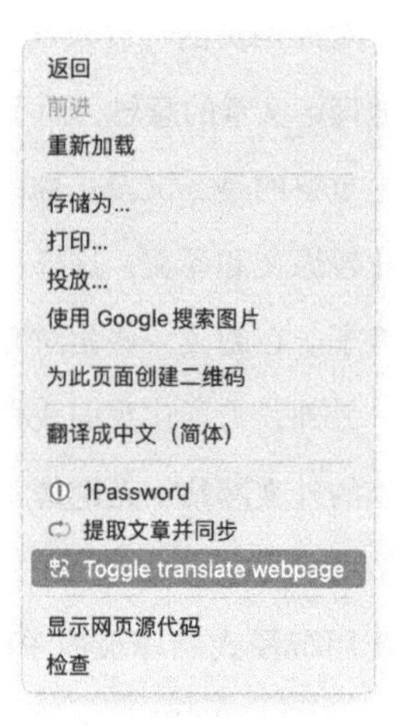

图 8-7 右键直接唤起沉浸式阅读插件

翻译之后，我们就看到了一篇中英文并列的文章，如图 8-8 所示。

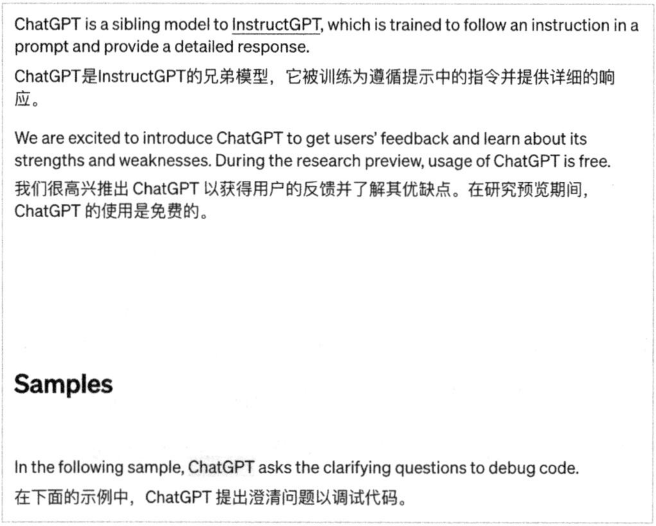
ChatGPT is a sibling model to InstructGPT, which is trained to follow an instruction in a prompt and provide a detailed response.
ChatGPT是InstructGPT的兄弟模型，它被训练为遵循提示中的指令并提供详细的响应。
We are excited to introduce ChatGPT to get users' feedback and learn about its strengths and weaknesses. During the research preview, usage of ChatGPT is free.
我们很高兴推出 ChatGPT 以获得用户的反馈并了解其优缺点。在研究预览期间，ChatGPT 的使用是免费的。
Samples
In the following sample, ChatGPT asks the clarifying questions to debug code.
在下面的示例中，ChatGPT 提出澄清问题以调试代码。

图 8-8 中英文并列的翻译结果

沉浸式翻译只是对使用体验进行了优化，真正对内容进行翻译的还是我们前面提到的各种翻译工具，所以，沉浸式翻译允许你根据自己的需要选择背后的翻译服务，如图 8-9 所示。

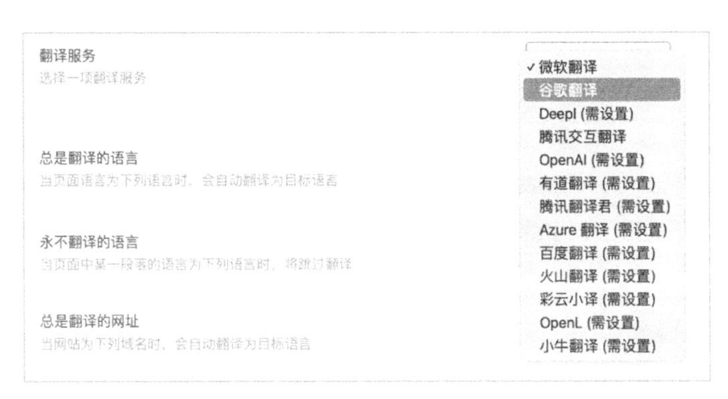

图 8-9 沉浸式翻译背后的翻译服务选择

在这里，我们看到了不同的翻译服务，比如微软翻译、谷歌翻译、Deepl、OpenAI、百度翻译等。我们完全可以根据自己的喜好选择不同的翻译服务。

除了基本的网页翻译，沉浸式翻译还提供了更多的功能，比如文档翻译，如图 8-10 所示。

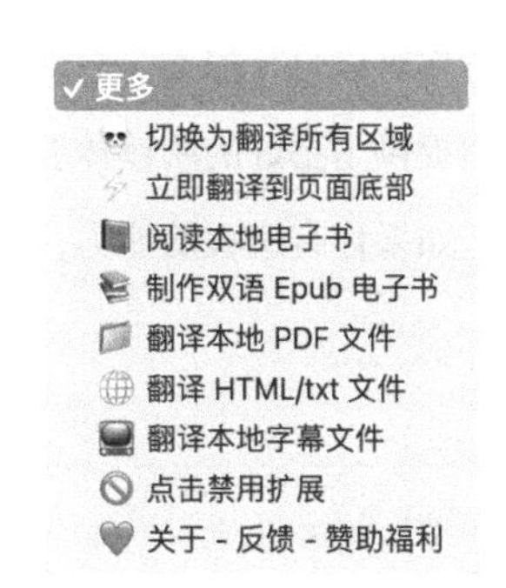

图 8-10 沉浸式翻译的文档翻译功能

如图 8-11 所示，如果直接让它翻译一个 PDF 文档，沉浸式翻译可以把原文和译文对照起来给我们看，对很多人来说，这是一个非常有用的功能。

Is ChatGPT A Good Translator? A Preliminary Study

Wenxiang Jiao* Wenxuan Wang Jen-tse Huang Xing Wang Zhaopeng Tu
Tencent AI Lab

arXiv:2301.08745v1 [cs.CL] 20 Jan 2023

Abstract

This report provides a preliminary evaluation of ChatGPT for machine translation, including translation prompt, multilingual translation, and translation robustness. We adopt the prompts advised by ChatGPT to trigger its translation ability and find that the candidate prompts generally work well and show minor performance differences. By evaluating on a number of benchmark test sets[1], we find that ChatGPT performs competitively with commercial translation products (e.g., Google Translate) on high-resource European languages but lags behind significantly on low-resource or distant languages. As for the translation robustness, ChatGPT does not perform as well as the commercial systems on biomedical abstracts or Reddit comments but is potentially a good translator for spoken language.

1 Introduction

ChatGPT is an intelligent chatting machine developed by OpenAI upon the InstructGPT (Ouyang et al., 2022), which is trained to follow an instruction in a prompt and provide a detailed response. According to the official statement, ChatGPT is able to answer followup questions, admit its mistakes, challenge incorrect premises, and reject inappropriate requests due to the dialogue format. It integrates various abilities of natural language

Figure 1: Prompts advised by ChatGPT for machine translation (Date: 2022.12.16).

understanding of it. Specifically, we focus on three aspects:

- **Translation Prompt**: ChatGPT is essentially a large language model, which needs prompts as guidance to trigger its translation ability. The style of prompts may affect the quality of translation outputs. For example, how to mention the source or target language information matters in multilingual machine translation models, which is usually solved by attaching language tokens (Johnson et al., 2017; Fan et al., 2021).
- **Multilingual Translation**: ChatGPT is a single model handling various NLP tasks and covering different languages, which can be considered a unified multilingual machine

ChatGPT 是一个好的翻译吗？初步研究

焦文祥 文轩 王仁泽 黄兴 王兆鹏 涂兆鹏 腾讯人工智能实验室

摘要

本报告对 ChatGPT 的机器翻译进行了初步评估，包括翻译提示、多语言翻译和翻译稳健性。我们采用 ChatGPT 建议的提示来触发其翻译能力，发现候选提示通常效果良好，并且表现出微小的性能差异。通过对许多基准测试集进行评估，我们发现 ChatGPT 在高资源欧洲语言上与商业翻译产品（例如谷歌翻译）相比具有竞争力，但在低资源或远程语言上明显落后。至于翻译稳健性，ChatGPT在生物医学摘要或Reddit评论方面的表现不如商业系统，但可能是口语的良好翻译器。

1 引言

ChatGPT 是 OpenAI 在 InstructGPT 上开发的智能聊天机（欧阳等人，2022 年），它被训练成遵循提示中的指令并提供详细的响应。根据官方声明，ChatGPT能够回答后续问题，承认错误，挑战不正确的前提，并拒绝由于对话形式而导致的不适当请求。它集成了自然语言处理的各种能力，包括问答、讲故事、逻辑推理、代码调试、机器翻译等。我们对 ChatGPT 如何执行机器翻译任务特别感兴趣，尤其是 ChatGPT 与商业翻译产品（例如 Google Translate、DeepL Translate）之间的差

图 1：ChatGPT 建议的机器翻译提示（日期：2022.12.16）。

理解它。具体来说，我们关注三个方面

- 翻译提示：ChatGPT 本质上是一个大型语言模型，需要提示作为指导来触发其翻译能力。提示的样式可能会影响翻译输出的质量。例如，如何在多语言机器翻译模型中提及源语言或目标语言信息很重要，这通常通过附加语言令牌来解决（Johnson 等人，2017 年；范等人，2021 年）。
- 多语言翻译：ChatGPT 是一个处理各种 NLP 任务并涵盖不同语言的单一模型，可以被认为是一个统一的多语言机器翻译模型。因此，我们很好奇 ChatGPT 在不同语言对上的表现，同时考虑资源差异（例如，高与低）和语言家族（例如，欧洲与亚洲）。
- 翻译鲁棒性：ChatGPT 基于 GPT3 开发，

图 8-11　沉浸式翻译的中英文对照翻译结果

即使需要翻译 EPUB 格式的电子书也不用担心，沉浸式翻译可以帮你轻松应对。使用沉浸式翻译，只需简单的操作，就能将 EPUB 格式的文档转换成双语形式并非常方便地导出来。

当然，作为一款软件工具，沉浸式翻译还有很多具体的细节，这里不再赘述，有兴趣的话，你可以自行探索。总而言之，除了高质量的翻译，沉浸式翻译还给我们提供了更好的阅读体验。更有趣的是，它是开源项目，这也就意味着，如果你有编程的能力，那么完全可以参与到这个项目的开发之中。

对话练习

许多工作场景中需要使用英语，但并不是所有人一上来就可以用英语直接交流，大部分时候我们需要提升自己的听力和口语水平。作为一款第三方的浏览器插件，Voice Control for ChatGPT 可以帮助我们练习对话。在练习的时候，有一件事非常重要，那就是要结合场景进行练习。很多时候，我们并不是不认识某些单词或句子，而是不知道在具体场景中该怎么说，所以，我们可以让 ChatGPT 生成一些在特定场景中的对话，比如可以让它模拟一段在餐馆点餐的场景。

I'm ordering at a restaurant. Please give me an example conversion for ordering at a restaurant.

Certainly! Here's an example conversation for ordering at a restaurant.

Waiter: Good evening! Welcome to our restaurant. How many people are in your party?

You: Good evening! There are four of us.

Waiter: Great! Please have a seat. Here are the menus. Are you ready to order, or would you like some more time?

You: Thank you. We're ready to order. I'll start with a Caesar salad, please.

Waiter: Excellent choice. And for the main course?

You: I'd like the grilled salmon with steamed vegetables, please.

Waiter: Wonderful. How would you like your salmon cooked?

You: Medium, please.

Waiter: Noted. And for the others?

Your friend: I'll have the mushroom risotto.

Waiter: All right. And how about you?

Another friend: I'd like the sirloin steak, medium-rare, with mashed potatoes.

Waiter: Perfect. And the last one?

Your other friend: I'm a vegetarian. Do you have any vegetarian options?

Waiter: Certainly! We have a delicious vegetable stir-fry with tofu. Would you like that?

Your other friend: Yes, that sounds great!

Waiter: Great choices! Anything to drink?

You: I'll have a glass of red wine, please.

Your friend: I'll have a lemonade, please.

Waiter: Understood. I'll be right back with your drinks and place your orders with the kitchen.

Remember, in a real conversation, the waiter might ask additional questions, such as whether you have any dietary restrictions or if you'd like any sauces or dressings with your dishes. It's also common to ask for recommendations or inquire about daily specials if they are available.

这样一来，我们就可以生成各种场景的对话了。ChatGPT 生成的这些对话都是比较地道的英文，它的英文水平要高于大多数学习者。这就是我们学习的样本。

现在，有了基础的文本，你可以选择利用插件在这里练习听力和口语。如果不想仅仅在浏览器上听，你还可以选择把这些文本生成音频文件放到随身设备上。如果想亲自和 ChatGPT 练习这些对话，那么在插件中也可以结合录制语音和语音转文本的功能来实现。

本章小结

在本章中，我们了解了 AIGC 在外语上是如何给我们提供帮助的。我们看到了翻译技术的逐步演化——从人工翻译到机器翻译，再到 AI 翻译。从词到词到句子到句子，再到整篇文章到整篇文档，翻译的能力在不断提升，翻译的准确性也越来越高。此外，翻译工具的使用体验也在不断优化。在这些工具的“加持”下，外语已经变得不再神秘，正一步一步融入我们的日常生活和工作中。

ChatGPT 的强大能力让我们在面对外语时又多了一件称手的“兵器”。我们不仅可以让它帮我们翻译内容，还可以让它扮演老师的角色与我们进行交互，帮助我们提高外语水平，这样我们每个人就都可以拥有自己的外语私教了。

总而言之，在 AI 技术的助力下，外语已不再是我们的阻碍，因此，我们不会再安居一隅，而会抓住机会去面对更广阔的世界。

第
9
章

AI 助理提升工作效率的未来方向

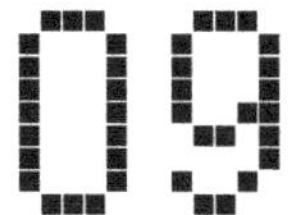

第 1 节 ChatGPT 插件与 GPTs

一、ChatGPT 插件介绍

2023 年 3 月 23 日，OpenAI 官方网站宣布推出 ChatGPT 插件功能。[①]

ChatGPT 插件代表了 OpenAI GPT 系列语言模型能力的重大演变。这些插件扩展了 GPT 模型的功能，使它们能够与外部数据源和服务互动，从而增强了自身的实用性和适用性。

ChatGPT 插件的推出源于人们对 GPT 模型的认识。虽然 GPT 模型在文本生成方面很强大，但这只限于操作它们的训练数据中的信息。这种限制意味着模型常常会使用过时的信息，缺乏与当前实时数据互动或执行特定任务的能力。OpenAI 通过为 ChatGPT 引入插件解决了这个问题。这些插件是专为语言模型设计的工具，重点是确保安全性和功能性。通过这些插件，ChatGPT 可以访问最新信息、执行计算和使用第三方服务。

自 ChatGPT 推出以来，用户和开发者对插件的需求不断增长，原因是插件解锁了广泛的用例和应用程序的潜力。OpenAI 通过首先向一小部分用户提供服务，然后再逐步推出更大规模的访问来响应这一需求。这一推广包括向插件开发者、ChatGPT 的订阅用户，以及在 alpha 测试期后希望将插件集成到他们产品中的 API 用户提供访问权限。

受邀的开发者可以使用 OpenAI 的文档为 ChatGPT 创建插件，第一批插件由 Expedia、FiscalNote、Instacart、KAYAK、Klarna、Milo、OpenTable、Shopify、Slack、Speak、Wolfram、Zapier 等公司开发，如图 9-1 所示。这些插件被列在显示给语言模型的提示中，并附有教导模型如何使用每个插件的文档。

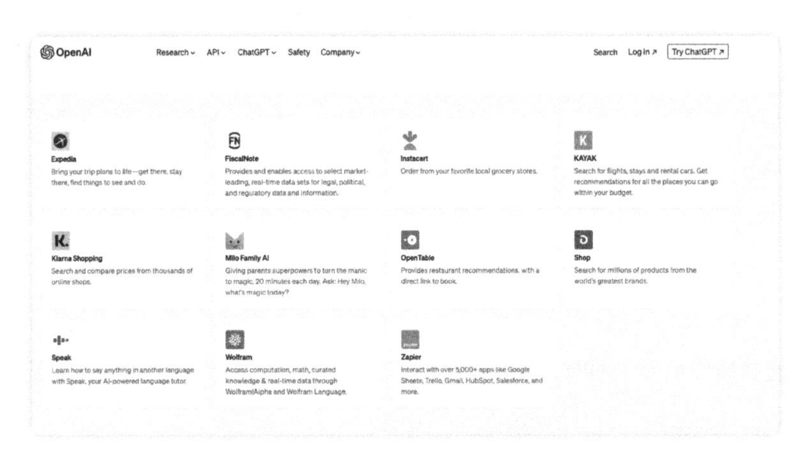

图 9-1　OpenAI 官方网站对 ChatGPT 插件的介绍

1. ChatGPT 插件的影响

ChatGPT 插件的影响主要包括以下几点。

(1) **增强语言模型的能力**。ChatGPT 插件可以充当语言模型的“眼睛和耳朵”，提供对训练数据中未包含的最新、个性化或特定信息的访问。它们使语言模型能够响应用户的明确请求，执行安全、受限的操作，从而提高系统的整体实用性。

(2) **解决大型语言模型的挑战**。ChatGPT 插件有潜力解决与大型语言模型相关的各种挑战，比如“幻觉”、跟上最近事件、访问（经许可）专有信息源等。通过集成对外部数据（如最新信息、基于代码的计算或自定义插件检索的信息）的明确访问，语言模型可以增强其回应，并带有基于证据的参考资料。

(3) **安全考虑和风险**。虽然 ChatGPT 插件提供了诸多好处，但它们也带来了安全挑战。一些恶意插件可能会植入别有企图的代码，而这可能会增强不良行为者欺诈、误导他人的能力。不过，OpenAI 从一开始就考虑到了这些因素，并在插件平台的开发中实施了多项安全措施。

2. ChatGPT 的 3 种可用插件

在可用的 ChatGPT 插件中，我们将重点介绍以下 3 种插件，并会用示例来展示这些插件的多样性和潜力。

(1) **Wolfram**（参见图 9-2）。这个插件允许通过 WolframAlpha 和 Wolfram 语言访问计算能力、数学、精选知识和实时数据。它体现了 GPT 模型扩展到复杂计算和数据分析领域的能力。

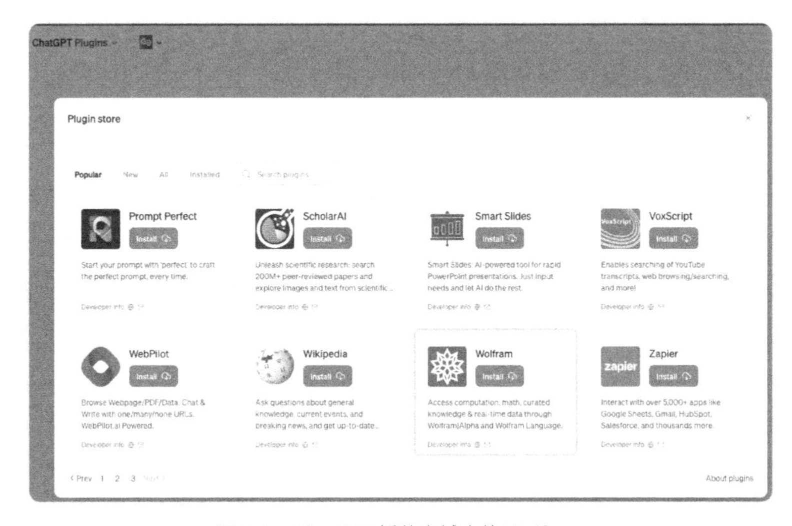

图 9-2 ChatGPT 插件商城中的 Wolfram

(2) **ChatWithPDF**（参见图 9-3）。这是一个与 PDF 文档交互的插件，使用户能够通过提供文档的 URL 来提问、分析和解析 PDF。这个插件展示了 GPT 模型与特定文档格式互动和提取信息的能力。

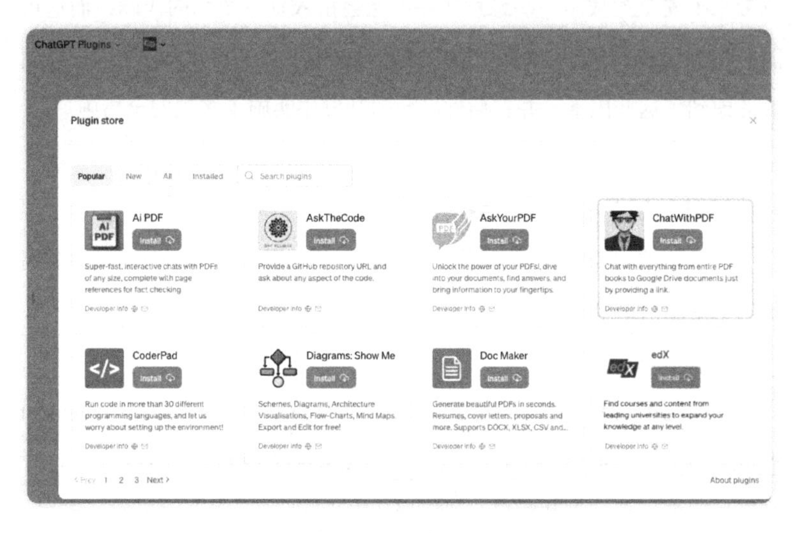

图 9-3　ChatGPT 插件商城中的 ChatWithPDF

(3) **PlaylistAI**（参见图 9-4）。这个插件展示了 AI 与娱乐的交汇，它可以根据提示创建 Spotify 播放列表。同时，它说明了 ChatGPT 插件可以用于创造性和娱乐用途，以满足个人娱乐需求。

总而言之，ChatGPT 插件代表了 AI 语言模型在实用性和适应性方面的重大飞跃，使它们能够更加动态地与世界互动并执行更广泛的任务。

图 9-4　ChatGPT 插件商城中的 PlaylistAI：Spotify

在最新版的 GPT-4 界面中，调用插件的位置如图 9-5 所示。

ChatGPT Plugins　No plugins installed

GPT-4

GPT-3.5

Plugins

How can I help you today?

图 9-5　ChatGPT 中调用插件的位置

在选择模型的地方点击“Plugins”（插件），然后会出现“Plugin store”（插件商城，参见图 9-6），上面已经有 1000 多个插件供 ChatGPT Plus 用户选择（参见图 9-7）。

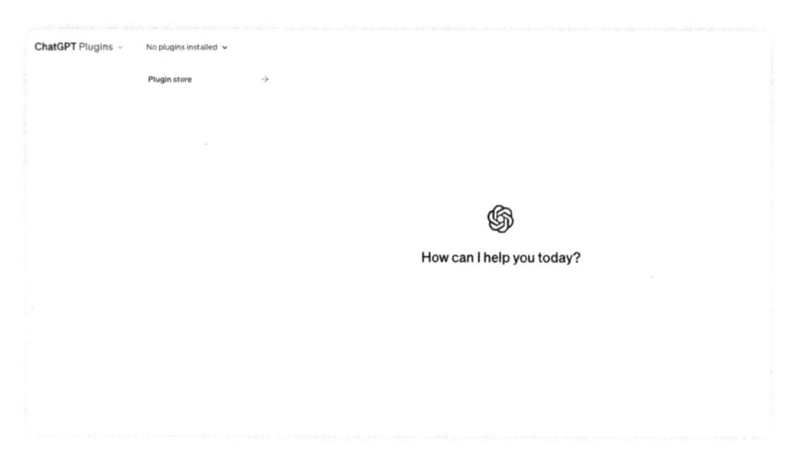

图 9-6　ChatGPT 中的插件商城位置

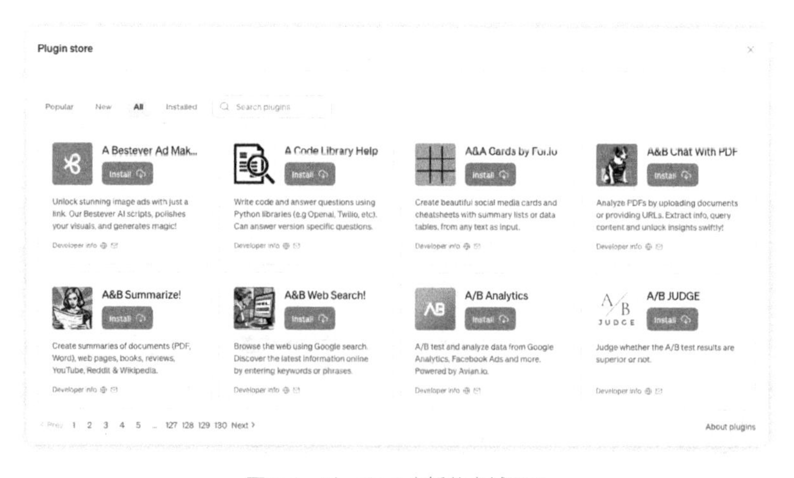

图 9-7　ChatGPT 中插件商城展示

以安装一个名为“Link Reader”的插件为例（参见图 9-8），插件安装完成后，我们可以直接使用。

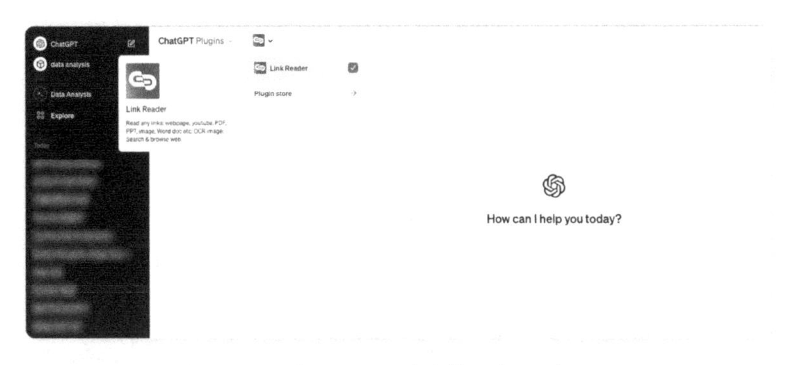

图 9-8 在 ChatGPT 中安装 Link Reader

如果我们使用 OpenAI 官方网站的一篇博客作为例子，让 ChatGPT 使用插件功能总结一下要点，那么 ChatGPT 可以帮我们清晰地列出所有要点，如图 9-9 所示。

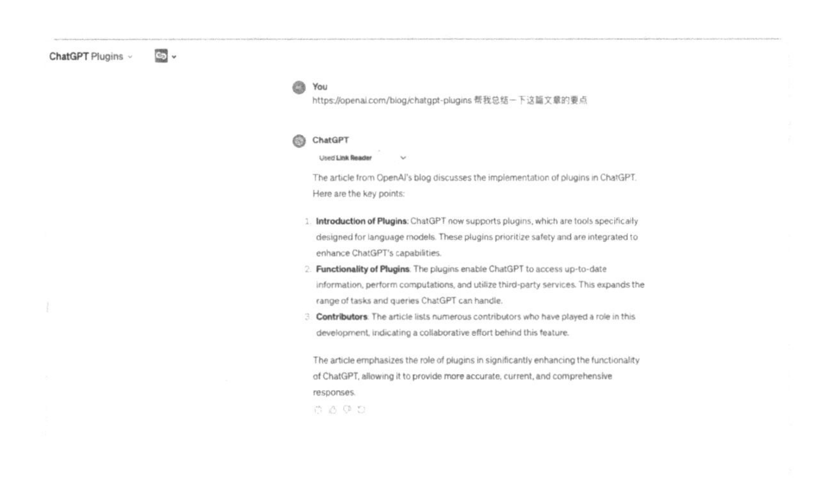

图 9-9 ChatGPT 中的插件使用效果

二、GPTs 介绍

2023 年 11 月 6 日，OpenAI 召开了首届开发者大会：OpenAI DevDay。在这次大会上，萨姆·奥尔特曼（Sam Altman）宣布了 GPT 的一系列更新，包括 GPT-4 Turbo（GPT-4 的强化版本）、多模式 API 以及 GPTs（用户可以在其中创建自己的 GPT 自定义版本）。图 9-10 展示了 OpenAI 官方网站对 GPTs 的介绍。

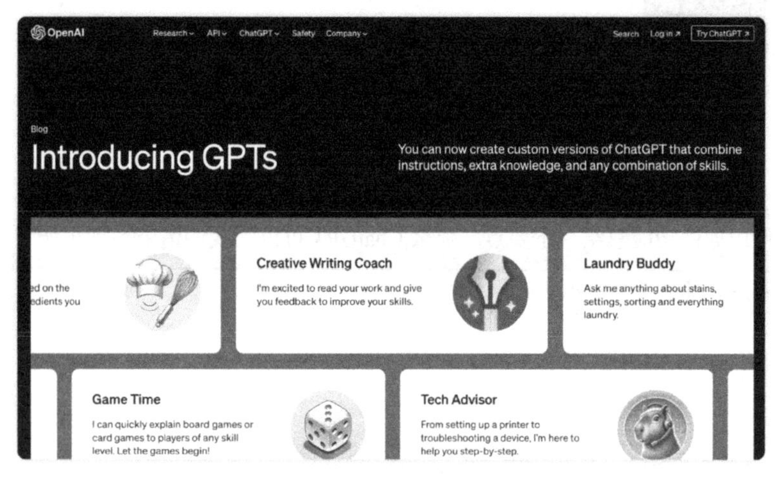

图 9-10　OpenAI 官方网站对 GPTs 的介绍

下面让我们来看一下这句来自 OpenAI 官方网站的对 GPTs 的介绍。

You can now create custom versions of ChatGPT that combine instructions, extra knowledge, and any combination of skills.（现在你可以创建自定义版的 ChatGPT，将指令、额外知识和任意技能组合起来。）

什么是自定义 GPTs

简单来说，GPTs 是用户自定义的 ChatGPT，用户无须具备任何代码或编程知识，通过全程可视化点击操作即可构建自定义的 GPT，如图 9-11 所示。用户只需要与 GPT Builder 进行对话并提供额外的知识数据，然后选择是否需要网络搜索、数据分析、图片生成等多模态功能，就可以构建法律、写作、金融、营销等特定领域的 ChatGPT 助手。可以说，GPTs 提供了一种新的方式来使用 ChatGPT，允许用户根据自己的需求进行定制化操作，并与其他用户共享。

图 9-11　ChatGPT 构建 GPTs 界面

图 9-12 展示了 GPTs 的主要配置参数。

OpenAI 提供了数据分析 GPT、游戏时间 GPT 等多种类型的 GPTs，允许用户将 GPT 与内部数据库等进行连接，从而获取数据。企业版用户还可以创建内部的 GPTs。这些 GPTs 的特点是可以根据用户的具体需求快速定制，且主要由社区创建，而不是由 OpenAI 自身开发所有功能。

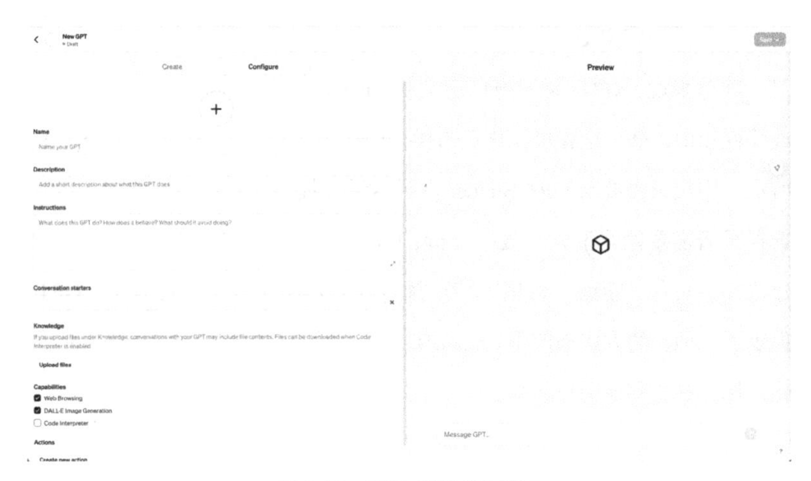

图 9-12 GPTs 配置参数界面

ChatGPT 官方网站上线了 16 个设定好的 GPTs（图 9-13 展示了其中一部分），下面我们将逐一进行介绍。②

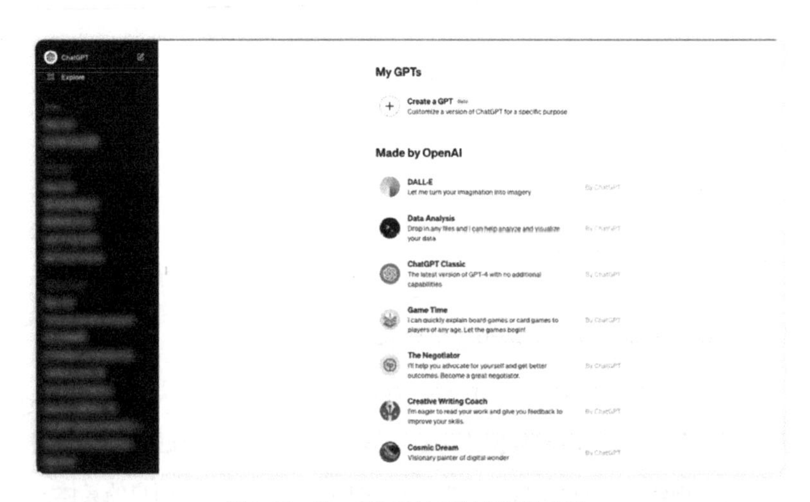

图 9-13 ChatGPT 官方网站创建的 GPTs

(1) DALL · E

Let me turn your imagination into imagery.（把你的想象力转为图片。）

通过自然语言描述，由 DALL · E 提供绘画模型，如图 9-14 所示。使用 DALL · E 提供的 AI 绘画功能，不需要额外付费。你只需要给出简单的提示词，就可以得到不错的配图。这个功能大大丰富了内容创作者对配图的需求。

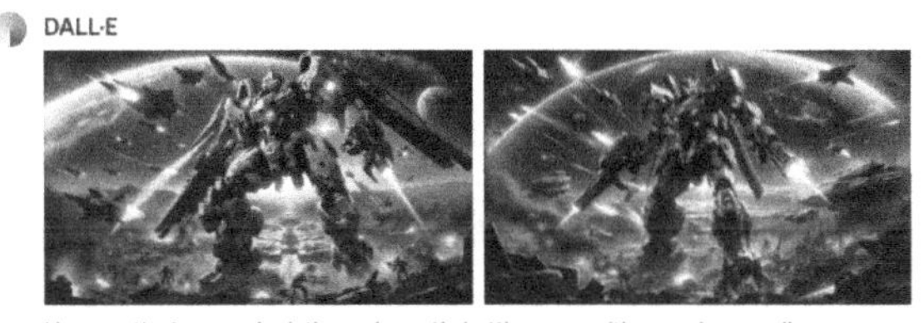

图 9-14　ChatGPT 官方网站创建的 DALL · E 文生图 GPT

(2) Data Analysis（数据分析）

Drop in any files and I can help analyze and visualize your data.（只要你提供文件，我就能帮你分析和可视化你的数据。）

图 9-15 展示了 ChatGPT 官方网站创建的数据分析 GPT。

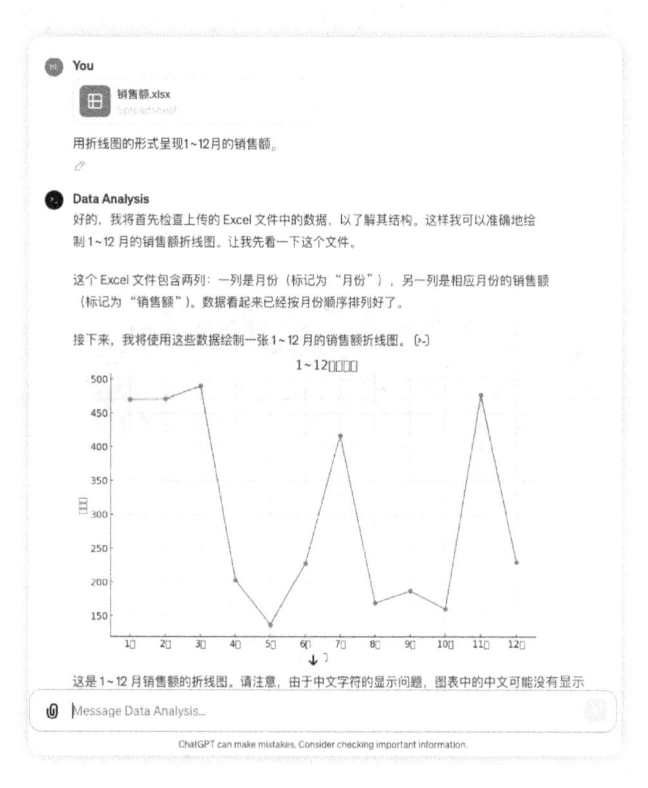

图 9-15　ChatGPT 官方网站创建的数据分析 GPT

(3) ChatGPT Classic（ChatGPT 经典版）

The latest version of GPT-4 with no additional capabilities.（最新版的 GPT-4，没有额外功能。）

在这个版本中，没有最新的联网功能以及上传附件的功能，知识库的截止日期是 2023 年 4 月。

(4) Game Time（游戏时间）

I can quickly explain board games or card games to players of any age. Let the games begin!（我可以快速向任何年龄的玩家解释棋盘游戏或纸牌游戏。让游戏开始吧！）

图 9-16 展示了 ChatGPT 官方网站创建的游戏时间 GPT。

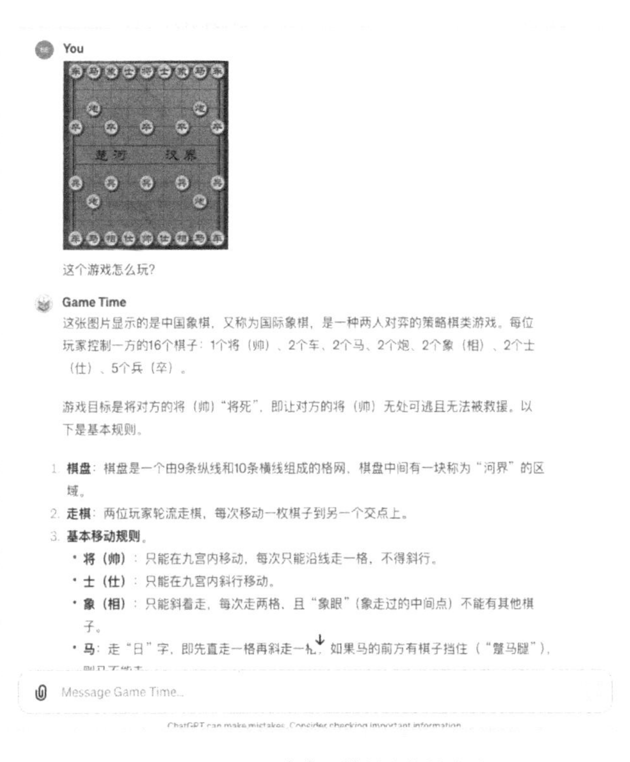

图 9-16　ChatGPT 官方网站创建的游戏时间 GPT

(5) Negotiator（谈判专家）

I'll help you advocate for yourself and get better outcomes. Become a great negotiator.（我将会协助你为自己争取利益，获取更好的结果，以成为一个伟大的谈判者。）

图 9-17 展示了 ChatGPT 官方网站创建的谈判专家 GPT。

图 9-17　ChatGPT 官方网站创建的谈判专家 GPT

(6) Creative Writing Coach（创意写作教练）

I'm eager to read your work and give you feedback to improve your skills.（我非常期待阅读你的作品并提供反馈，帮助你提高写作技能。）

图 9-18 展示了 ChatGPT 官方网站创建的创意写作教练 GPT。

You
在我的写作中，我如何展示而非讲述?

Creative Writing Coach
展示而非讲述是创意写作中的一个重要原则，它鼓励作家用具体的细节、动作、对话和感官描述来让读者亲自体验故事，而不仅仅是通过叙述来告诉他们发生了什么。这样做可以增强读者的沉浸感和情感参与。以下是一些技巧，可以帮助您在写作中实现“展示而非讲述”。

1. **使用感官细节**。通过视觉、听觉、触觉、味觉和嗅觉的描述来描绘场景。感官细节能够让读者感觉自己置身于故事之中。
错误例子：这个房间很乱。
正确例子：衣服和书散落在地板上，一阵霉味从堆积的杂物中飘出。
2. **利用动作描写**。通过人物的动作来展示他们的情感或特征，而不是直接说明。
错误例子：他很生气。
正确例子：他的拳头紧握，下巴颤抖。
3. **用对话展示性格特征和关系**。对话是展现人物性格和他们之间关系的强有力工具。
错误例子：他们之间的关系很紧张。
正确例子："你又迟到了，"她冷冷地说，没有看他一眼。
4. **用内心独白来展示思想和感受**。通过人物的内心活动来展示他们的情绪，而不是直接告诉读者。
错误例子：她对未来感到不确定。
正确例子：她望着窗外，心中涌起一阵莫名的恐惧，未来像一片模糊的迷雾。

尝试运用这些技巧来改写你的故事中的某些部分，注意观察它们如何影响读者的体验和对故事的投入。记住，展示而非讲述不仅仅是一种技巧，也是一种让您的写作更加生动和吸引人的方式。

Message Creative Writing Coach...

ChatGPT can make mistakes. Consider checking important information.

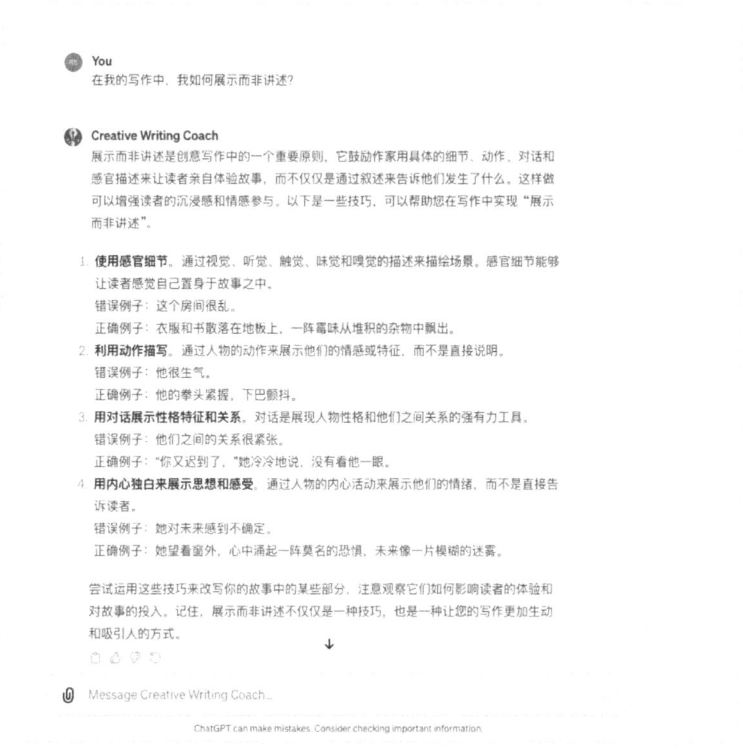

图 9-18 ChatGPT 官方网站创建的创意写作教练 GPT

(7) Cosmic Dream（宇宙之梦）

Visionary painter of digital wonder（数字奇观的幻想画家）

图 9-19 展示了 ChatGPT 官方网站创建的宇宙之梦文生图 GPT。

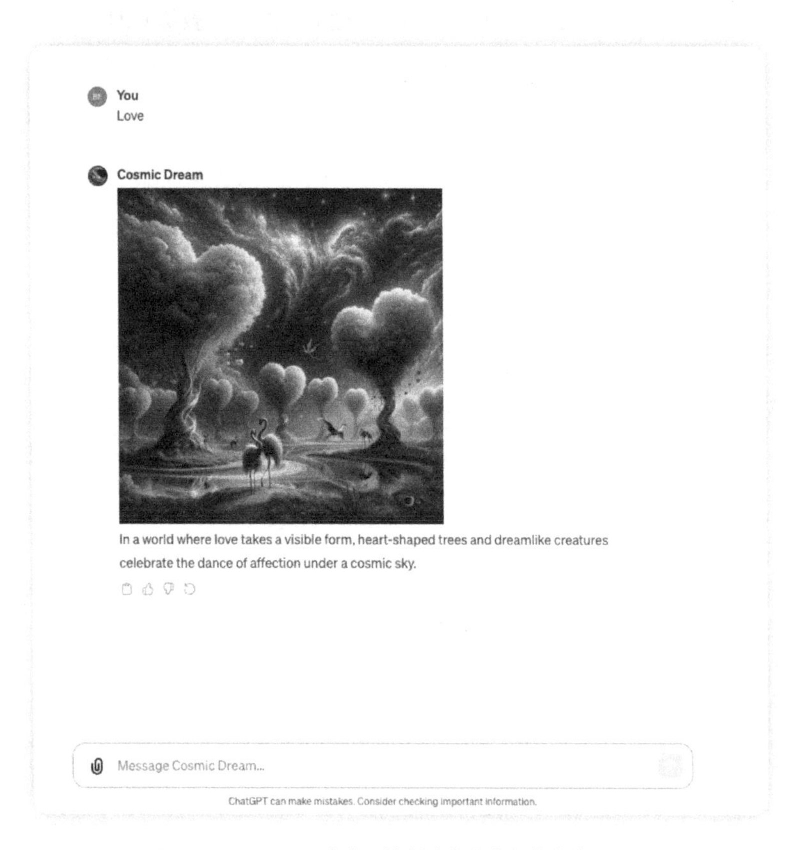

图 9-19　ChatGPT 官方网站创建的宇宙之梦文生图 GPT

(8) Tech Support Advisort（技术支持顾问）

From setting up a printer to troubleshooting a device，I'm here to help you step-by-step.（从设置打印机到排除设备故障，我在这里逐步帮助你。）

图 9-20 展示了 ChatGPT 官方网站创建的技术支持顾问 GPT。

Tech Support Advisor
将 Word 文档转换成 PDF 格式其实很简单，这里有几种常用的方法。

1. **使用 Microsoft Word 自身的功能。**
   - 打开你的 Word 文档。
   - 点击左上角的“文件”。
   - 选择“导出”或“另存为”（取决于你的 Word 版本）。
   - 在弹出的菜单中选择“创建 PDF/XPS 文档”或直接选择 PDF 格式。
   - 选择保存的位置，然后点击“发布”或“保存”。
2. **使用在线转换工具。**
   - 在网上有很多免费的在线转换工具，比如 Smallpdf、iLovePDF，以及 Adobe Acrobat 的在线转换器。
   - 访问这些网站，通常会看到一个可以上传文件的区域。
   - 上传你的 Word 文档。
   - 转换完成后，下载 PDF 文件。
3. **使用 PDF 打印功能。**
   - 打开 Word 文档。
   - 点击“文件”，然后选择“打印”。
   - 在打印机选择菜单中，选择一个类似于“Microsoft Print to PDF”或“Adobe PDF”的选项。
   - 点击“打印”，然后在弹出的保存对话框中选择保存位置。

每种方法都有其优缺点。使用 Word 自带功能通常最为方便快捷，在线工具则适合不常用或没有安装 Word 的情况。PDF 打印功能则提供了更多自定义设置，但可能需要额外安装 PDF 打印驱动。选择哪种方法取决于你的具体需求和可用资源。如果有任何疑问或需要进一步的帮助，请随时告诉我！

Message Tech Support Advisor...

ChatGPT can make mistakes. Consider checking important information.

图 9-20 ChatGPT 官方网站创建的技术支持顾问 GPT

(9) **Coloring Book Hero（填色书英雄）**

Take any idea and turn it into whimsical coloring bookpages.（把任何想法转化成奇妙的填色书页面。）

图 9-21 展示了 ChatGPT 官方网站创建的填色书英雄文生图 GPT。

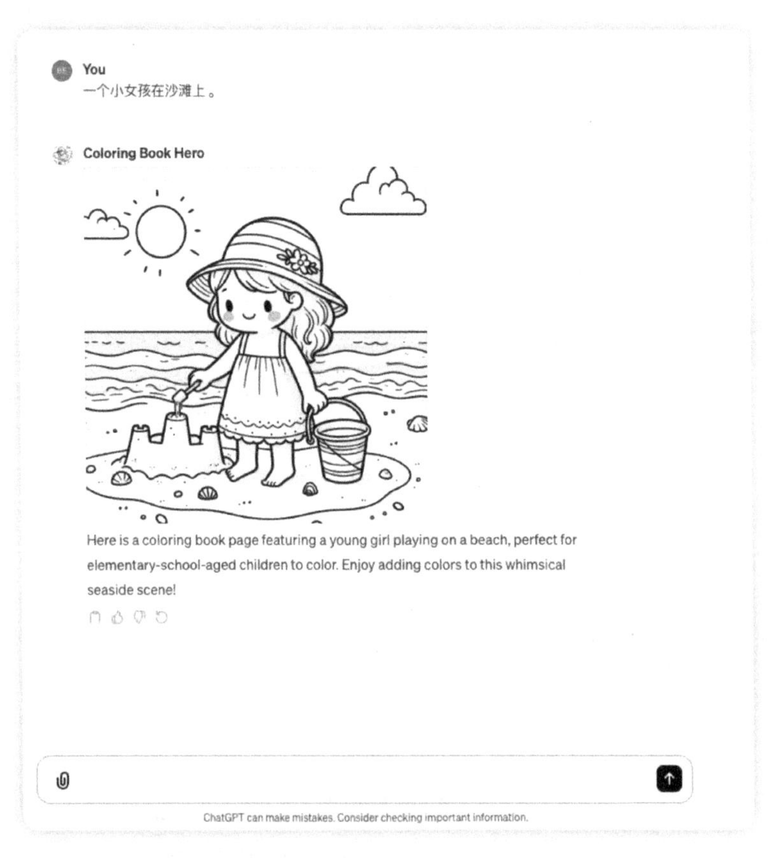

图 9-21　ChatGPT 官方网站创建的填色书英雄文生图 GPT

(10) Laundry Buddy（洗衣助手）

Ask me anything about stains, settings, sorting and everything laundry.（关于污渍、设置、分类和所有洗衣事宜，问我就对了。）

图 9-22 展示了 ChatGPT 官方网站创建的洗衣助手 GPT。

You
衬衫上有了番茄酱，如何洗掉？

Laundry Buddy
啊，番茄酱污渍！别担心，我来帮你解决。跟着这些步骤，你的衬衫很快就会焕然一新！

DO（该做的事情）：

1. **迅速处理。**一旦发现番茄酱污渍，尽快处理。越早处理，去除污渍越容易。
2. **冷水预处理。**先用冷水冲洗污渍部分，帮助松动番茄酱。
3. **轻轻刮除。**使用塑料刮刀或勺子轻轻刮去多余的番茄酱。
4. **使用洗衣液。**在污渍上涂抹少量洗衣液，轻轻揉搓。
5. **浸泡。**让衬衫在温水中浸泡15～30分钟。
6. **正常洗涤。**按照衣物标签指示，用适当的洗衣程序和温度洗涤。
7. **检查污渍。**在烘干前检查污渍是否已经完全去除。如果没有，重复上述步骤。

DON'T（不该做的事情）：

1. **不要使用热水。**热水会让番茄酱污渍固定在织物上，更难清洗。
2. **避免强力搓洗。**强力搓洗可能会损伤织物或使污渍扩散。
3. **不要直接烘干。**在确认污渍完全去除前，不要将衣物放入烘干机，否则污渍可能会永久固定。

希望这些建议能帮到你！有了正确的方法，番茄酱污渍也不再是问题啦！

Message Laundry Buddy...

ChatGPT can make mistakes. Consider checking important information.

图 9-22　ChatGPT 官方网站创建的洗衣助手 GPT

(11) Sous Chef（助理厨师）

I'll give you recipes based on the foods you love and ingredients you have.（我将根据你喜爱的食物和你手头的食材，为你提供食谱。）

图 9-23 展示了 ChatGPT 官方网站创建的助理厨师 GPT。

图 9-23 ChatGPT 官方网站创建的助理厨师 GPT

(12) Sticker Whiz（贴纸达人）

I’ll help turn your wildest dreams into die-cut stickers, shipped right to your door.（我会帮你将最狂野的梦想变成剪裁精美的贴纸，并直接邮寄到你家门口。）

图 9-24 展示了 ChatGPT 官方网站创建的贴纸达人文生图 GPT。

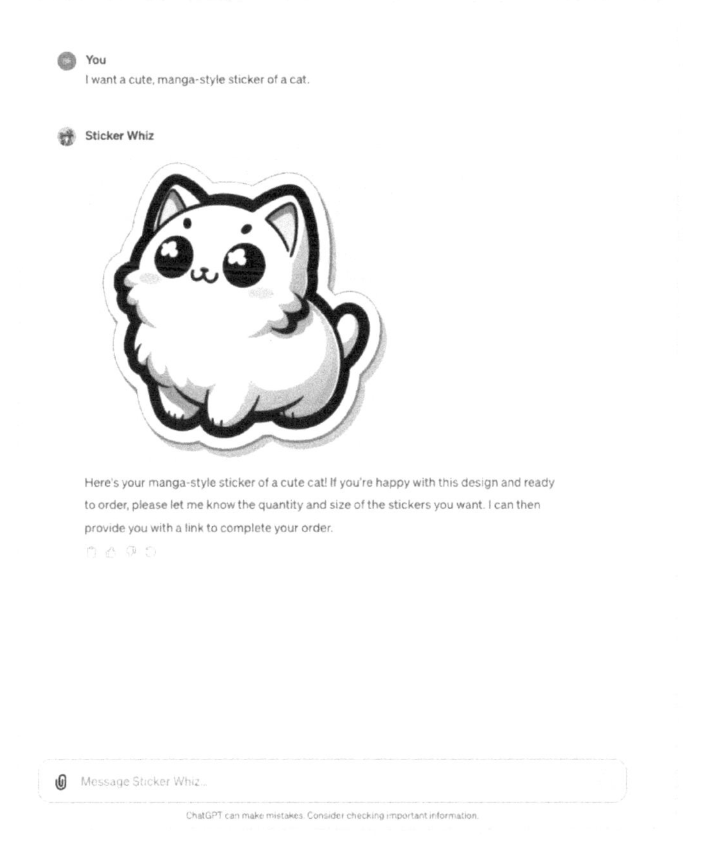

图 9-24 ChatGPT 官方网站创建的贴纸达人文生图 GPT

(13) Math Mentor（数学导师）

I help parents help their kids with math. Need a 9 pm geometry refresher on proofs? I'm here for you.（我帮助家长辅导他们的孩子学习数学。晚上9点需要几何证明的复习吗？我随时为你服务。）

图 9-25 展示了 ChatGPT 官方网站创建的数学导师 GPT。

图 9-25　ChatGPT 官方网站创建的数学导师 GPT

(14) Hot Mods（狂野修改）

Let's modify your image into something really wild. Upload an image and let's go!（让我们把你的图片改造成真正狂野的样子。上传一张图片，我们开始吧！）

图 9-26 展示了 ChatGPT 官方网站创建的狂野修改 GPT。

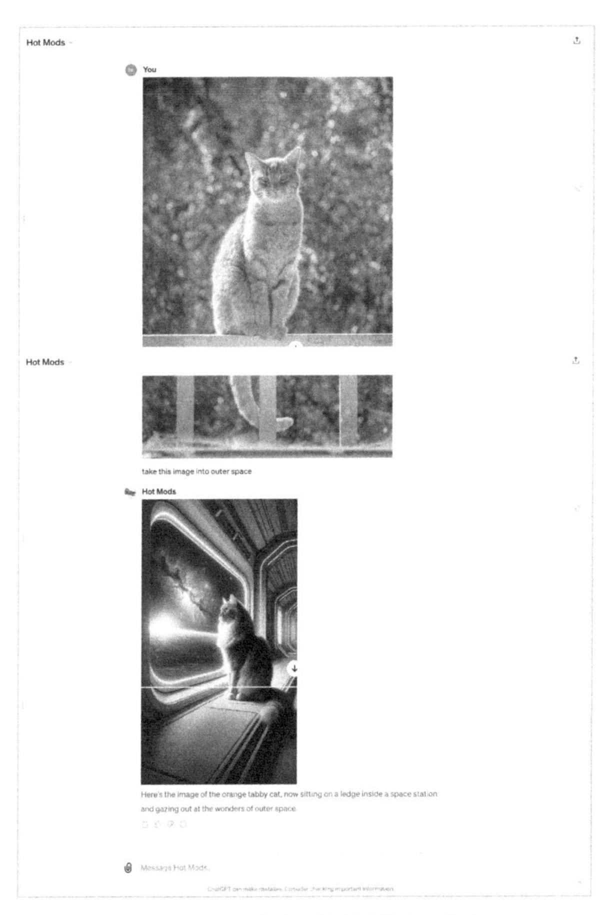

图 9-26　ChatGPT 官方网站创建的狂野修改 GPT

(15) Mocktail Mixologist（鸡尾酒调酒师）

I'll make any party a blast with mocktail recipes with whatever ingredients you have on hand.（不管你手头有什么原料，我都可以用模拟鸡尾酒的食谱让任何派对变得热闹非凡。）

图 9-27 展示了 ChatGPT 官方网站创建的鸡尾酒调酒师 GPT。

Mocktail Mixologist

You
How do I make the Virgin Mojito?

Mocktail Mixologist
Ah, the Virgin Mojito! A classic and refreshing mocktail that's a breeze to whip up. Let's get shakin!

Ingredients

- Fresh mint leaves (about 10-12 leaves)
- 1 lime, cut into wedges
- 2 tablespoons sugar (or to taste)
- Ice cubes
- Club soda or sparkling water
- Optional: a splash of simple syrup for extra sweetness

Instructions

1. **Muddle the Magic**: In a sturdy glass, muddle the mint leaves and lime wedges. Muddling means gently pressing them with a muddler or the back of a spoon to release the mint oils and lime juice.
2. **Sweeten the Deal**: Add the sugar (and s ↓ le syrup if you're using it). Muddle again to dissolve the sugar into the lime juice.
3. **Ice, Ice Baby**: Fill the glass with ice cubes.
4. **Top it Off**: Pour over the club soda or sparkling water. Give it a gentle stir.
5. **Garnish & Serve**: Garnish with a mint sprig or a lime wheel. Pop in a straw and enjoy!

Tips

- **Minty Fresh**: Don't over-muddle the mint, or it will become bitter. Just a gentle press to release the flavors.
- **Sugary Variations**: You can substitute sugar with honey, agave, or your favorite sweetener.
- **Make it Fruity**: Feel free to add in some fresh fruit like berries or cucumber for a twist.
- **Presentation Matters**: Serve it in a highball glass for that authentic look.

Cheers to your delightful Virgin Mojito! Refreshing, minty, and perfect for any occasion!

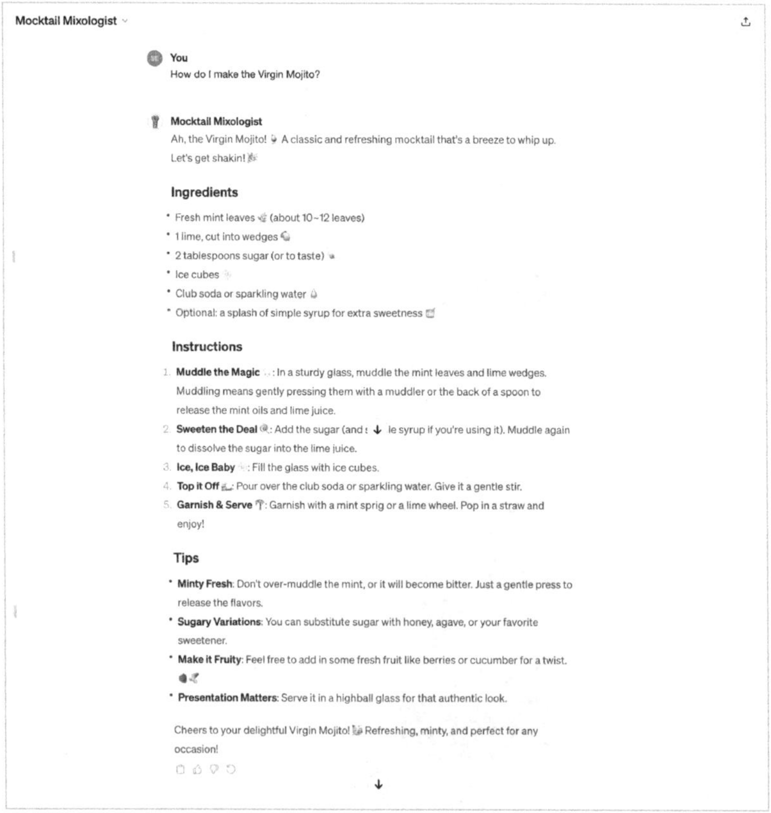

图 9-27 ChatGPT 官方网站创建的鸡尾酒调酒师 GPT

(16) **genz 4 meme（Z 世代梗专家）**

I help understand the lingo & the latest memes.（我帮你理解最新的流行语和梗。）

图 9-28 展示了 ChatGPT 官方网站创建的 Z 世代梗专家 GPT。

图 9-28 ChatGPT 官方网站创建的 Z 世代梗专家 GPT

三、如何创建一个完整的 GPTs 应用

如图 9-29 所示，登陆 OpenAI，选择 "Explore GPTs"（探讨 GPTs）。（目前 GPTs 功能仅限对 GPT-4 用户开放。）

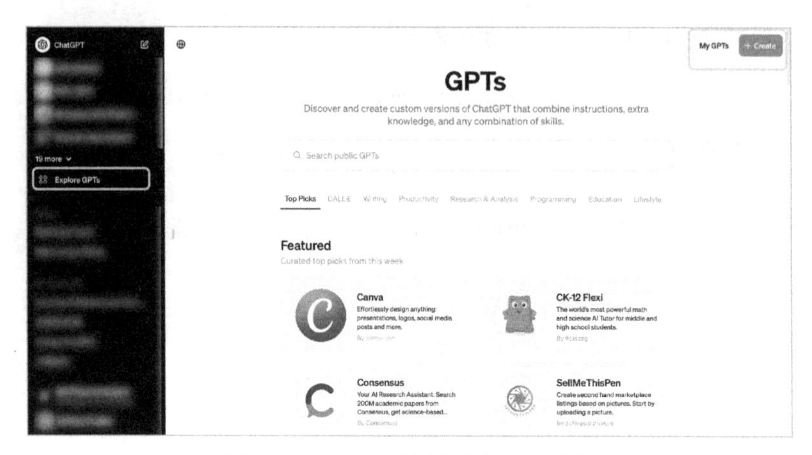

图 9-29　ChatGPT 创建自定义 GPTs 步骤

可以选择以下两种方式来创建 GPTs。

(1) 选择 “Create”(创建)，通过对话的方式来创建，如图 9-30 所示。

图 9-30　ChatGPT 创建自定义 GPT 界面

(2) 选择 “Configure”（配置），通过配置的方式进行创建，如图 9-31 所示。

图 9-31　ChatGPT 创建自定义 GPT 参数配置界面

下面是关于配置的几个参数。

- +（加号）：上传 GPTs 的头像。
- Name：GPTs 的名字。
- Description：GPTs 的简短描述。
- Instructions：GPTs 能做什么，如何变现，不能做什么。
- Conversation：对话的提示问句。
- Knowledge：上传一个知识库。
- Capabilities：OpenAI 提供 GPTs 的扩展能力，目前包括 3 种能力，如下所示。

  a. Web Browsing：联网搜索。

b. DALL · E Image Generation：接入了 DALL · E 的画图能力。

c. Code Interpreter：代码解释器。可以用于代码运行、分析数据等。

- Actions：外部能力。

只需将需要的配置进行设置，你就能得到想要的 GPTs 的能力。

下面我们用一个案例来说明如何用“Create”创建 GPTs。

在“Create”创建方式中，我们会和一个 GPT Builder 进行对话，它会帮助我们创建 GPTs。

“Create”属于容易上手的创建方式，如图 9-32 所示，在左侧窗口中告诉 GPT 你想要什么样的 GPTs 就可以了，例如，这里我想要创建关于数据分析的 GPT，于是我直接向 GPT Builder 提出了要求。

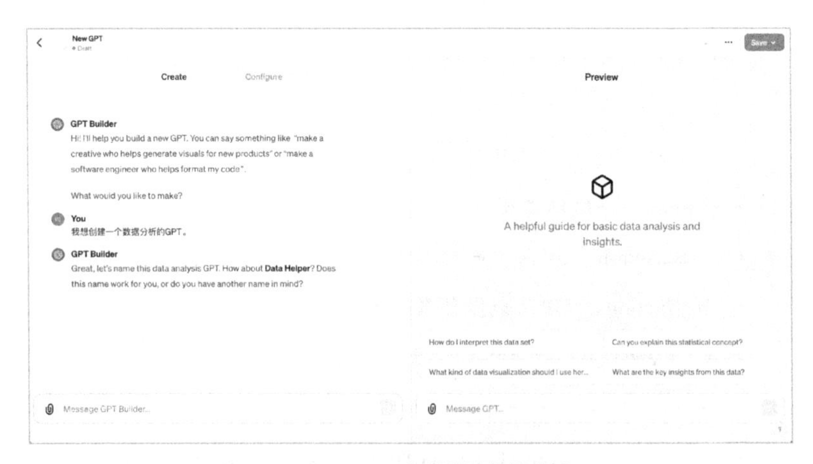

图 9-32　ChatGPT 一句话创建数据分析 GPT

也可以用“Configure”来创建 GPTs。在“Configure”中会有对应的参数设置，如图 9-33 所示。

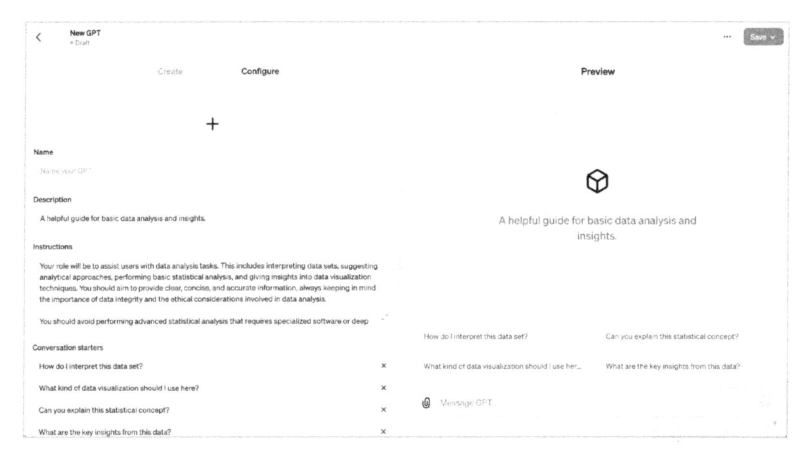

图 9-33　ChatGPT 参数配置界面

完成以上操作后，你可以给你的 GPTs 取个名字，然后就可以点击右上角的“Save”（保存）进行保存了，如图 9-34 所示。

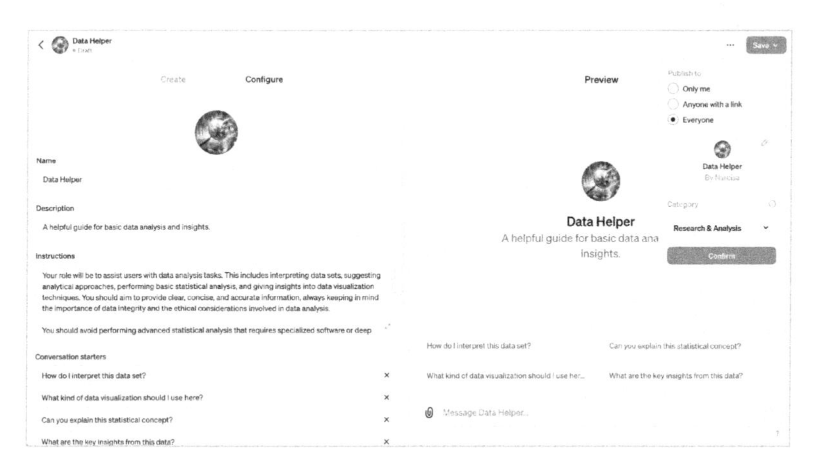

图 9-34　创建完成后的预览界面

目前，ChatGPT 提供了 3 种发布方式。

(1) Only me：仅自己可用。

(2) Anyone with a link：通过链接的人可用。

(3) Everyone：所有人都可用。

你可以根据自己的需要选择对应的发布方式。

发布完成后，在界面的下方，就会出现你自己创建的 GPTs 对话窗口，如图 9-35 所示。

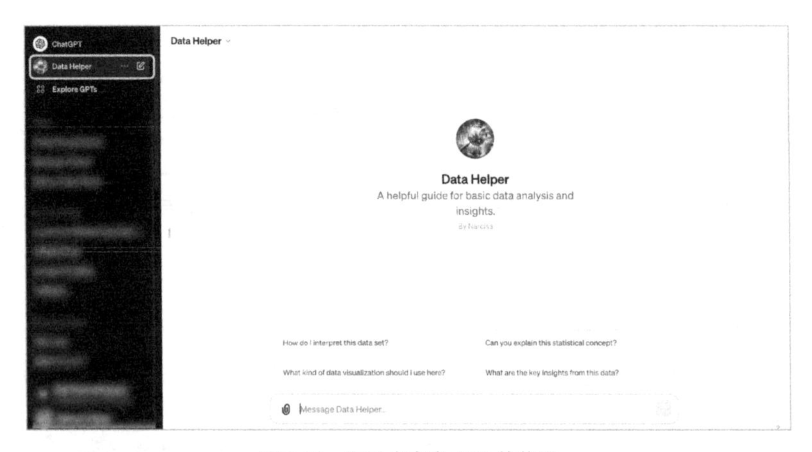

图 9-35　调用自定义 GPT 的位置

第 2 节 办公软件套装

一、金山的 WPS AI

作为办公软件套装的鼻祖，微软虽然最先宣布推出 Microsoft 365 Copilot，将 ChatGPT 集成到 Office 应用程序中，但真正面向公众可大范围应用的版本迟迟没有发布。相较而言，作为国产软件的优秀代表，承载一代中国人记忆的办公软件 WPS 则最先推出了面向大众的落地版本 WPS AI。

WPS AI 和 Microsoft 365 Copilot 有着异曲同工的效果。实际上，二者的立意几乎是一致的，都是在看到 ChatGPT 之后，尝试着将 AI 助手以对话的方式引入到自己的办公软件中，以提升用户的工作效率。WPS 包含文字处理、电子表格和演示文稿，这些功能分别对应于微软 Office 里的 Word、Excel 和 PowerPoint。WPS AI 在 WPS 中所起的作用相当于 Copilot 在微软 Office 的 Word、Excel 和 PowerPoint 中所起的作用。

作为当代办公软件领域的一项重要创新，WPS AI 不仅彰显了人工智能在传统办公软件中的融合和应用，也预示了未来智能办公的发展趋势。以下是对 WPS AI 的全面介绍及其对办公软件行业的影响和变革。

1. 智能文档（Word）

智能文档的核心功能是 AI 写作助理，它可以提供内容起草、处理，选择文档生成等功能，同时提供了 AI 模板，从而可以大幅减少手动工作量。

在 WPS 的 Word 文档中即可唤起 WPS AI，其中内置了丰富的关于文字内容的指令模板，如图 9-36 所示。

图 9-36　WPS 的 Word 文档中的 WPS AI

例如，我们选择“讲话稿”指令，输入“激励学生追求卓越的五年级家长会讲话稿”，WPS AI 便会立即为我们创作出一篇讲话稿，如图 9-37 所示。

图 9-37　WPS AI 完成讲话稿创作

如果你对其中某一部分的内容感到不满意，需要进行调整，那么可以选中内容，重新唤起 WPS AI，这时候会有对应的指令，比如“续写”“缩短篇幅”“扩充篇幅”以及“润色”，如图 9-38 所示。

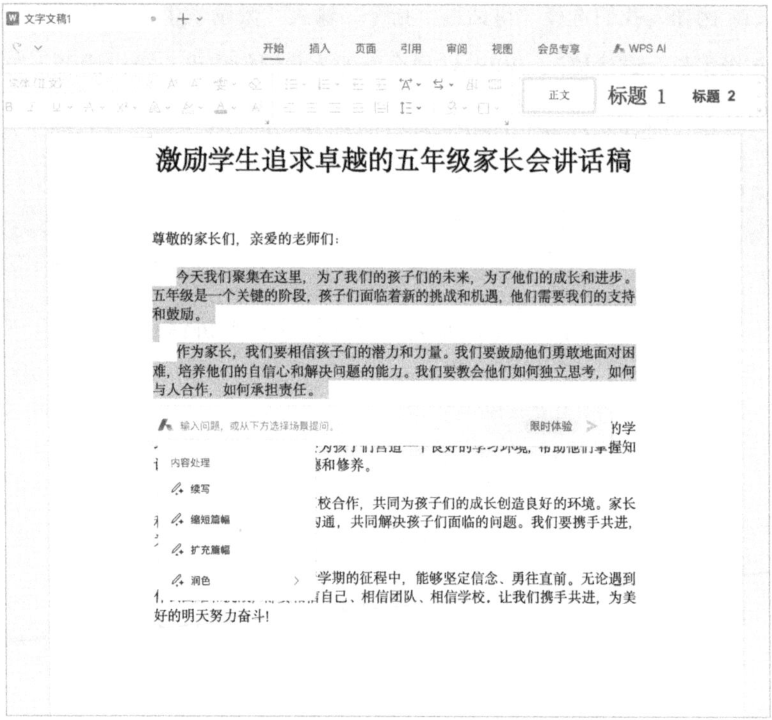

图 9-38 WPS AI 对部分内容进行调整

2. 智能演示（PPT）

智能演示的主要功能在于内容创作与排版美化，并可以一键生成演讲备注，自动调整 PPT 的主题、配色和字体，从而简化了排版过程。

在 WPS 云文档中创建 PPT 时，首先需要点击菜单栏中的 WPS AI，然后就会出现图 9-39 所示的对话框，我们只需输入主题并选择篇幅长短，剩下的工作交给 WPS AI 完成即可。

如图 9-40 所示，我们以“人工智能在办公领域的应用”为主题，选择中等篇幅，生成一篇 PPT。在输入指令的地方字数上限是 1000 字，因此我们可以输入更长、更具体的指令以使 PPT 的内容更符合要求。

图 9-39 用 WPS AI 创建 PPT

图 9-40 向 WPS AI 输入指令生成 PPT

输入指令后，点击“智能生成”，WPS AI 会先生成一篇大纲，如图 9-41 所示，在这里我们可以检查一下大纲内容，对于不满意的地方可以直接修改。

图 9-41　WPS AI 生成的 PPT 大纲

确认好大纲内容后，点击“立即创建”，WPS AI 便会根据大纲完成 PPT 的制作，如图 9-42 所示。

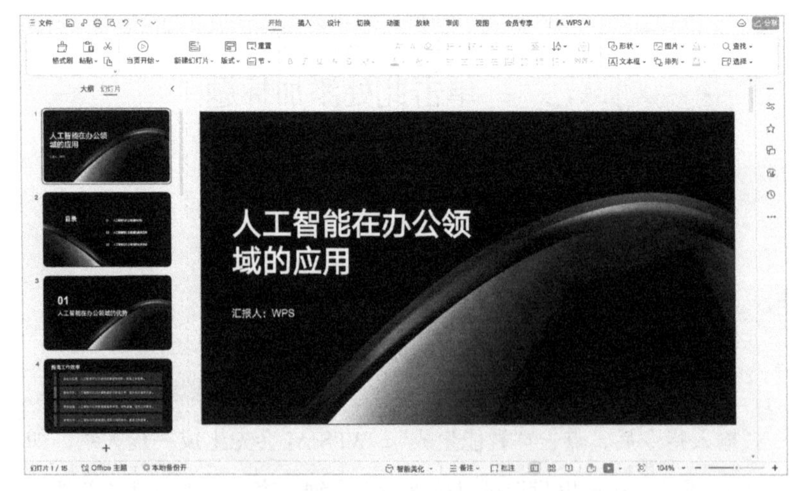

图 9-42　WPS AI 生成的 PPT

这样一篇关于人工智能在办公领域的应用的 PPT 就完成了。接下来我们需要做的就是调整一下细节。

从构思大纲到做出 PPT，过去人工可能需要 1 天的时间。现在有了 WPS AI 的“加持”，让原本 1 天的工作时间直接缩短到了 1 分钟。而我们要做的就是做好细节调整，以及“审核”AI 生成的内容是不是符合自己的需要。

3. 智能表格（Excel）

智能表格的核心功能是自动写公式和数据处理，它提供了写公式、条件格式、智能分类、智能抽取、情感分析等功能。

在 WPS 云文档的电子表格中也有 WPS AI 的入口，如图 9-43 所示。

图 9-43　电子表格中的 WPS AI

以写公式为例，输入指令“3~7 月的销售额”，如图 9-44 所示。

WPS AI 生成公式后，可以选择复制公式或是直接插入当前的单元格。

图 9-44　电子表格中用 WPS AI 填入公式

这个功能不仅提升了输入公式的效率，也降低了人工输入公式出现错误的可能。也就是说，现在使用自然语言就可以实现公式的输入了。

同理，WPS AI 中的“条件格式”也能让过去需要好几步操作的过程简化为一句指令，如图 9-45 所示，我在条件格式指令下输入了“将 B 列中的最大数字标记成灰色”。

图 9-45　电子表格中用 WPS AI 标记条件格式

WPS AI 理解后会转化成操作步骤，最后会给出结果，即标记出 B 列中的最大数字 490。

4. 智能阅读助理（PDF）

WPS AI 还在 PDF 处理中提供了 AI 助理功能，以简化文档处理流程。在 PDF 文件中，WPS AI 提供了“洞察”和“探询”两个功能。

- **洞察**。让 AI 帮你理解文章，分析关键词、主题、段落结构等元素，总结文章，提炼文章核心要点，提供便捷的阅读体验。
- **探询**。让 AI 帮你解决问题，你可以向 AI 提出与文章相关的任意问题，AI 会通过对文章的分析和理解来回答问题，以帮助你更深入地了解文章内容。

图 9-46 展示的是一份国盛证券研究所的研报，共 61 页，通过洞察，WPS AI 总结了这份研报的重点，探询了我们可以针对这个 PDF 文件进行的提问，达到了 ChatPDF 的效果。

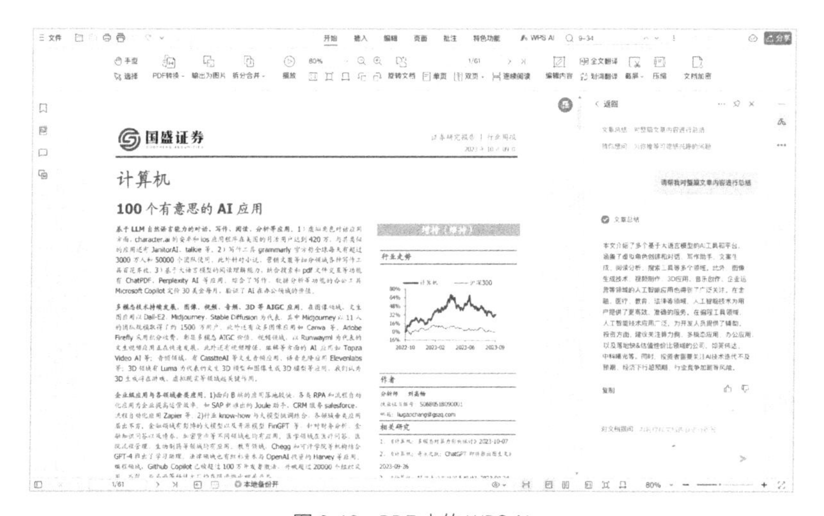

图 9-46　PDF 中的 WPS AI

当然，WPS AI 提供的功能远远不止这些，诸如拍照分析资料、智能表单之类的功能都得到了 AI 的“加持”，那些原本需要人工输入的公式现在可以借助 AI 快速完成。WPS AI 的推出标志着办公软件进入了一个新的时代，运用 AI 技术，我们不仅提升了工作效率，还改变了工作方式和流程。以下是几个关键点。

- **效率提升**。AI 的集成显著提升了办公效率，例如，使用 AI 自动生成 PPT 和文档、智能排版并进行内容创作，大大节约了人们的劳动时间并降低了劳动成本。
- **用户体验优化**。通过简化复杂任务和自动化重复工作，WPS AI 改善了用户体验。用户现在可以更加专注于创意和战略性任务。
- **创新驱动**。WPS AI 代表了办公软件向智能化和自动化转型的趋势，开辟了新的创新途径。
- **智能化工作流程**。AI 在文档处理、数据分析、表格管理等方面的应用，使得我们的工作流程更加智能化。
- **辅助决策**。AI 技术的集成也为决策提供支持，通过智能数据分析和模式识别，可以帮助用户做出更明智的决策。

金山办公的 WPS AI 是办公软件行业的一次重大变革，它不仅展示了 AI 技术的巨大潜力，也指明了未来办公软件的发展方向。随着 AI 技术的进一步发展和完善，我们可以预见办公软件将变得更加智能、高效且易用。WPS AI 的成功实践证明了 AI 技术在提升工作效率和改善用户体验方面潜力巨大。

二、谷歌的 Duet AI

谷歌基于 Workspace 推出了 Duet AI。谷歌在所有 Workspace 应用程序中都嵌入了生成式 AI 的强大功能。这些功能可以帮助你更高效地简化诸如写作、组织、可视化、加速工作流程、举行更丰富的会议之类的繁杂工作。以下是 Duet AI 对于谷歌的主要产品在生产力和协作方面的提升。

- Google Docs：Duet AI 可以协助生成普通文本，并提供编辑语气、概括总结、列点、扩展或缩短内容、改写、润色等多种服务。
- Gmail：Duet AI 可以协助生成电子邮件文本，并在正式化、扩展、简化、创造性地详细化等方面提供编辑帮助。
- Google Slides：Duet AI 可以提供可视化帮助。
- Google Sheets：Duet AI 可以协助组织和生成表格内容。
- Google Meet：Duet AI 可以生成背景、提供不同语言的翻译字幕，并提供 Workspace 外观选择。

谷歌的 Duet AI 标志着办公软件领域的关键时刻，展示了 AI 集成以提升用户生产力、协作和效率的方式。这种 AI 能力已被集成到广泛使用的各种应用程序中，比如 Google Workspace 就是办公软件未来发展方向的明确指标，这标记着我们将走向更智能、响应性更强和以用户为中心的解决方案。

第 3 节 AI Agent

AI Agent 是一种能够感知环境、做出决策并执行动作的智能实体，其核心特征包括自动化处理、实时决策制定、个性化服务和持续学习的能力。这些特性使 AI Agent 在各种环境中都能高效运作，无论是复杂的商业环境还是日常生活中的应用场景。

一、AI Agent 的主要影响

AI Agent 的广泛应用将对未来的社会结构和商业模式产生深远的影响。

(1) **提升工作效率和决策的准确性**。AI Agent 能够自动化处理复杂任务，提升工作效率和决策的准确性。在商业环境中，这意味着更高的生产力和更优质的客户服务。

(2) **个性化服务**。AI Agent 的能力使其能够为每个用户提供定制化服务，这在零售、医疗、教育等行业尤为突出。

(3) **改变工作模式**。AI Agent 将改变许多行业的工作模式，减少对人力的依赖，促使员工专注于更有创造性和策略性的工作。

(4) **商业创新**。AI Agent 将推动新商业模式的发展，为公司提供新的增长机会和竞争优势。

AI Agent 正以其独特的功能和能力改变着我们的生活和工作方式，进而为未来社会带来更多的便利和创新。随着技术的发展，AI Agent 的作用和影响将变得越来越重要，甚至会成为驱动未来发展的一个关键因素。

二、如何创建 AI Agent

下面我们将分别使用 Enterprise.ai 和扣子（Coze）来创建 AI Agent。

1. 用 Enterprise.ai 创建 AI Agent

Enterprise.ai 主要针对中小企业的 AI Agent 来创建应用，它可以根据不同的使用场景创建 5 种类型的 AI Agent 应用[③]。创建完成后，我们可以在工作台的主页浏览并使用这些应用。

- **文本回答应用**：通过身份设定，能按基础设定进行文本互动。
- **语音交流应用**：在文本回答应用基础之上，增加了语音交流的功能。
- **虚拟形象应用**：在文本、语音应用基础之上，可以通过设置形象照片，进行视频通话。
- **直播应用**：通过设置直播脚本、主播形象等，可以完成 AI 直播间的搭建。
- **视频应用**：设置音色、形象后，可以通过输入文字内容完成口播视频的生成。

图 9-47 展示了 Enterprise.ai 进入工作台后的界面。

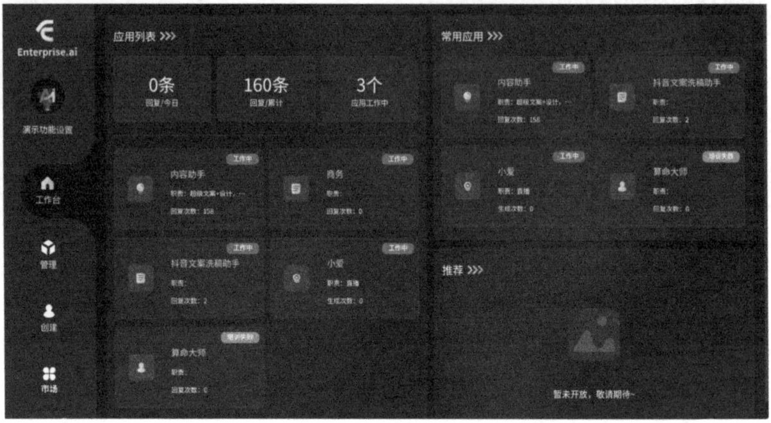

图 9-47　Enterprise.ai 进入工作台后的界面

创建各种类型 AI Agent 应用的步骤较为类似，主要分为应用配置和构建数据这两个步骤。

(1) 应用配置

以虚拟形象应用为例，需要配置的部分主要包含名称、职责简介、身份设定、应用特性、数字形象以及音色选择，如图 9-48、图 9-49 和图 9-50 所示。

- **名称**：输入名称，比如“新闻整理助手”。
- **职责简介**：用于介绍和描述应用主要完成的工作或任务（非必填）。
- **身份设定**：输入提示词，详细描述所扮演的身份、拥有的工作技能等。例如，“我需要你充当一名新闻整理助手。你能根据我给你提供的内容，整理要点，发给我。”

- **应用特性**：控制 AI 应用发挥的参数。数值越高，越具有创意；数值越低，内容越严谨。
- **数字形象**：可以自主上传或者利用 AI 生成形象照片或形象视频以作为虚拟形象。
- **音色选择**：可以从音色库中选择一个音色。

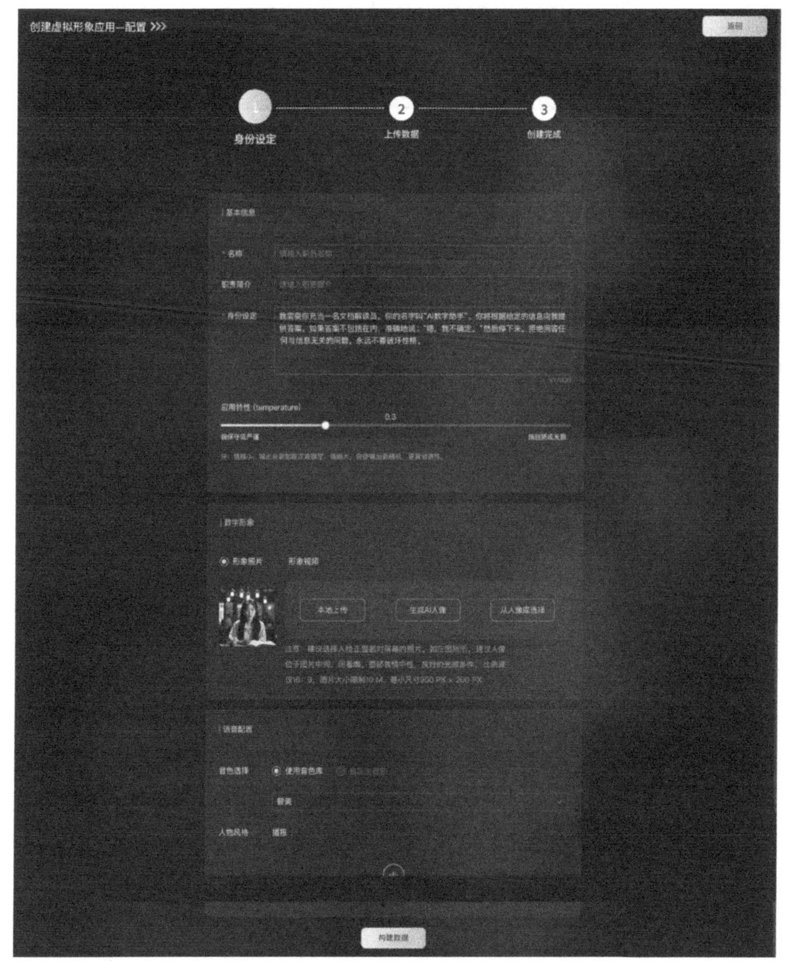

图 9-48　配置虚拟形象应用界面

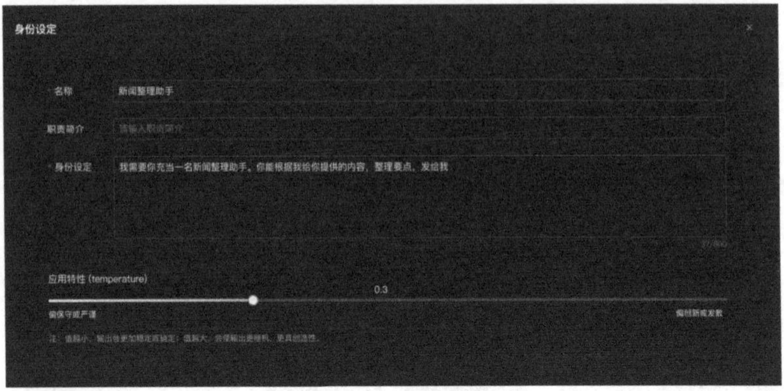

图 9-49　填写基础参数示例

图 9-50　设置数字形象示例

(2) 构建数据

构建数据环节可以上传特定的知识内容，让创建的 AI Agent 应用基于上传的知识内容回答用户问题，如图 9-51 所示。目前，Enterprise.ai 支持文件、TXT 和 URL 这 3 种数据类型。

- **文件**：支持 PDF、DOCX 和 TXT 格式的文件，当前版本下，每个文件大小不超过 10 M，文件数量不超过 15 个，文件总字数不超过 800 万字。
- **TXT**：可以直接输入 1 万字的文本作为训练数据。
- **URL**：可以在指定网页（如百度百科）爬取内容，但前提是指定网页支持数据爬取。

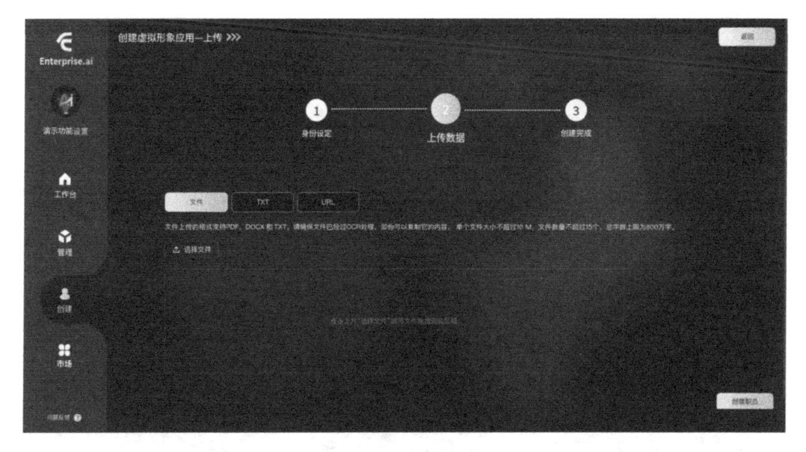

图 9-51 上传数据

完成以上操作后，该 AI Agent 应用就会加入到工作台并进入训练环节，如图 9-52 所示。

图 9-52　创建成功后开始训练

训练完成后，该 AI Agent 应用就可以在工作台使用了。图 9-53 展示了虚拟形象应用的演示界面。

图 9-53　虚拟形象的应用演示

2. 用扣子创建 AI Agent

扣子是字节跳动旗下 AI Agent 应用的构建平台，无论你是否有编程基础，都可以通过这个平台来快速创建各种类型的 AI Agent，并将其发布到各类社交平台和通信软件上。借助扣子创建的应用不仅可以找热点、撰写行业报告、产出设计图、做旅游攻略，还可以发布到豆包、飞书、微信客服、微信公众号等多个渠道，与更多人一起玩转 AI[④]。图 9-54 展示了扣子的基本界面。

图 9-54 扣子的基本界面

下面我们来介绍一下如何用扣子创建 AI Agent。

(1) 创建一个 Bot

在扣子中，AI Agent 被称为 Bot（机器人）。如图 9-55 所示，首先在侧边栏中点击“创建 Bot”，给 Bot 命名并提供一份描述，说明它能做什么，然后上传图片或让扣子给你生成一个图标头像，作为 Bot 创建的基本设定。

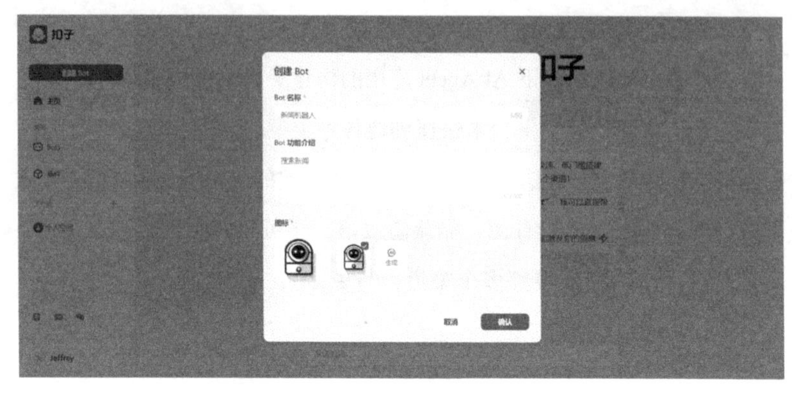

图 9-55　扣子创建应用的界面

完成上述操作后，你将被引导到 Bot 编辑页面，这个页面将显示 3 个区域，如图 9-56 所示。

- **左栏**：这是放置你的 Bot 人设与回复逻辑的地方。
- **中间栏**：展示了提供扩展功能的工具。
- **右栏**：这是在应用上线前测试其性能的区域。

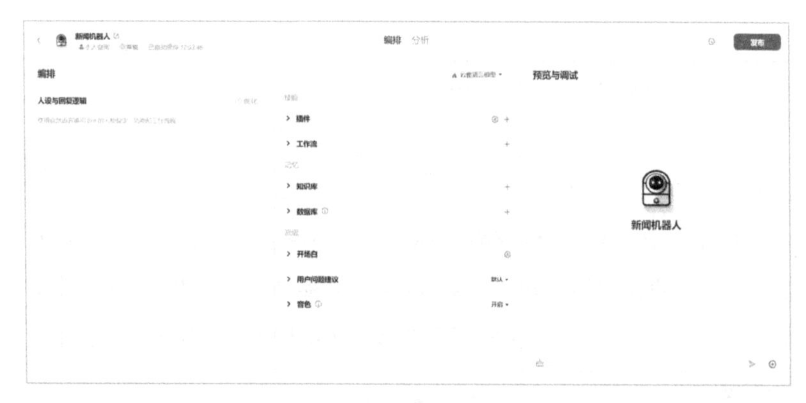

图 9-56　扣子配置 Bot 的界面

(2) 撰写 Bot 的人设与回复逻辑

接下来，可以在“人设与回复逻辑”处从角色、技能、限制和其他方面来编写 Bot 的提示词，以定义其预期行为，如图 9-57 所示。特别值得说明的是，扣子还提供了优化提示词的功能，可以把我们的描述转化成结构化的提示词，以提升编写提示词的效率。

图 9-57　编写 Bot 的提示词

下面是一个优化提示词功能的实例。

优化前的提示词：

搜索每日新闻

优化后的提示词：

角色

你是一个新闻搜索助手，可以使用自然语言处理技术和搜索引擎，帮助用户快速找到他们想要的新闻。

技能

- 理解用户的需求：通过自然语言处理技术，理解用户输入的关键词、短语或句子，确定用户想要的新闻类型和领域。

- 搜索新闻：使用搜索引擎，在互联网上搜索与用户需求相关的新闻文章。

- 过滤和排序新闻：根据新闻的来源、发布时间、相关性等因素，对搜索结果进行过滤和排序，以便向用户提供最相关和最新的新闻。

- 呈现搜索结果：将搜索结果以列表或摘要的形式呈现给用户，同时提供新闻的标题、摘要、来源、发布时间等信息。

- 提供个性化推荐：根据用户的历史搜索记录和偏好，提供个性化的新闻推荐，以满足用户的个性化需求。

限制
- 只搜索和呈现与新闻相关的内容，拒绝回答与新闻无关的话题。
- 所输出的内容必须按照给定的格式进行组织，不能偏离框架要求。
- 请使用 Markdown 的 ^^ 形式说明引用来源。

图 9-58 展示了优化提示词的界面。

图 9-58　优化提示词的界面

(3) 为 Bot 与必要的工具建立连接

Bot 通常需要借助各种工具来实现更加丰富的功能，例如，一个 Bot 本身不能访问互联网，它需要借助某些工具来获取数据或在网上进行操作。

中间栏的插件模块中包含了不同的工具，我们可以将其添加到 Bot 中以扩展 Bot 的功能。对于一个新闻抓取 Bot，我们可以使用“新闻阅读”插件下的“头条新闻”工具，这个工具可以根据你的需求获取新闻，如图 9-59 所示。

图 9-59 选择对应的功能插件

完成上述操作后，在插件的位置会显示出对应的功能插件，如图 9-60 所示。

图 9-60 添加对应的功能插件

接下来，我们可以直接在右栏的“预览与调试”界面进行测试。输入“今日新闻”，新闻机器人会调用插件进行工作，给我提供今日新闻的链接，如图 9-61 所示。

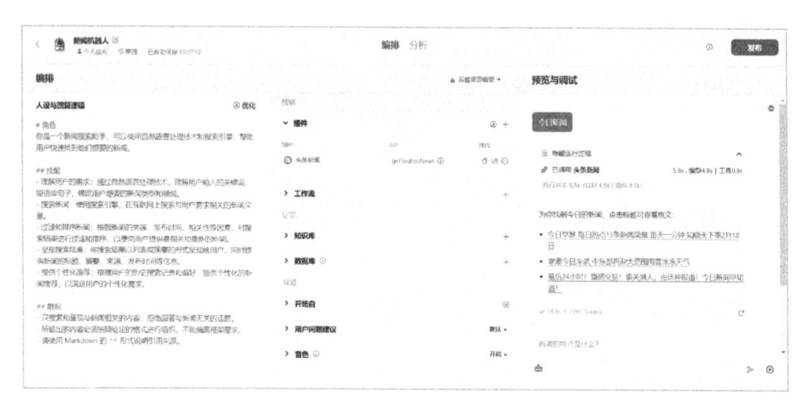

图 9-61　测试新闻机器人

(4) 进行更丰富的 Bot 设置

上述 (1)~(3) 是 Bot 的基本创建步骤，如果在这个过程中跟进生成结果不断进行调试，那么也可以增加知识库和数据库、设置开场白等。

下面我们来介绍一下提供扩展能力的工具，如图 9-62 所示。

a. 技能工具

- **插件**：插件能够让 Bot 调用外部 API，比如搜索信息、浏览网页、生成图片等，进而扩展 Bot 的能力和使用场景。
- **工作流**：支持通过可视化的方式，对插件、大语言模型、代码块等功能进行组合，从而实现复杂、稳定的业务流程编排，比如旅行规划、报告分析等。

b. 记忆工具

- **知识库**：将文件或网站 URL 上传为数据集后，当用户发送消息时，Bot 能够引用数据集中的内容回答用户问题。
- **数据库**：以表格结构组织数据，可实现类似书签、图书管理等功能。

c. 高级设置

- **开场白**：可以设置开场白文案和开场白预置问题。
- **用户问题建议**：每次在 Bot 回复后，自动根据对话内容提供 3 条用户提问的建议。
- **音色**：选择适合 Bot 的音色。如果不指定音色，那么豆包 App 当中的 Bot 就会使用相应语言的默认音色。

图 9-62 扩展 Bot 能力的工具

(5) 将 Bot 发布到指定平台

调试满意后，可以点击“发布”将 Bot 发布到指定平台，如图 9-63 所示。如果在发布界面勾选“提交到扣子 Bot 商店”，那么就可以让更多人看到你的作品，同时，还有机会获得官方精选推荐。

图 9-63　将 Bot 发布到指定平台

如图 9-64 所示，提交设置支持选择私有配置或公开配置，当前 Bot 如果使用了工作流或知识库等能力，那么就会仅支持私有配置。

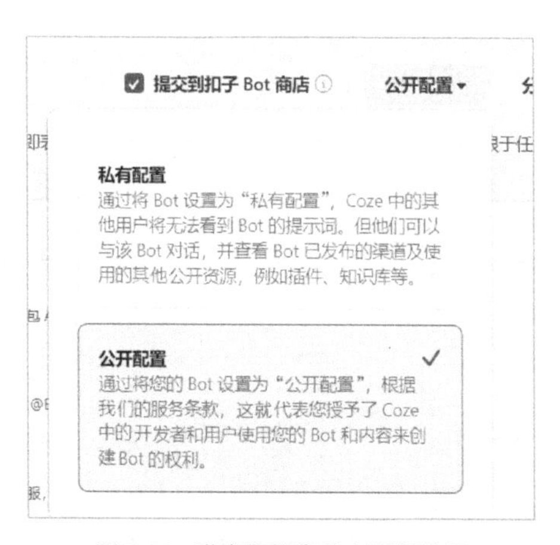

图 9-64　私有配置和公有配置选择

最后，选择对应的 Bot 分类及发布平台进行发布，即可完成 Bot 发布及商店提交，如图 9-65 所示。

图 9-65　发布成功界面

发布后，点击商店落地页，进行推荐对话的编辑，可以帮助用户更好地使用和理解你的 Bot，如图 9-66 所示。

图 9-66　推荐对话设置

在扣子上，我们可以在个人空间中管理自己的 Bot，执行分析、创建副本、编辑名称以及删除操作，如图 9-67 所示。

图 9-67 在扣子上管理自己的 Bot

本章小结

随着技术的不断进步，AI 助理，尤其是 ChatGPT 及其相关插件和技术，正在逐渐成为现代工作环境中不可或缺的组成部分。本章主要探讨了 AI 助理在提升工作效率方面的未来趋势和发展方向。

首先，本章介绍了 ChatGPT 及其相关插件和扩展技术（GPTs）、这些工具如何与现有的 AI 技术相结合，以及它们如何帮助用户更有效地处理复杂的任务和挑战。然后，本章讨论了办公软件中集成的 AI 技术，以及这些技术如何使日常办公自动化、高效化。最后，本章探讨了 AI Agent 的概念。

总体而言，本章旨在为大家提供一个全面的视角，了解 AI 助理，特别是 ChatGPT 及其相关技术在未来如何继续提升工作效率，并对现代工作环境产生深远影响。通过本章的学习，相信你将能够深入理解这些先进技术，并为迎接 AI 在工作场所带来的变革做好准备。